커플 교사의
신혼 배낭 여행기

커플 교사의
신혼 배낭 여행기

초판 1쇄 인쇄일 2014년 3월 3일
초판 1쇄 발행일 2014년 3월 10일

지은이 김성진
펴낸이 양옥매
디자인 오현숙
교정 조준경

펴낸곳 도서출판 책과나무
출판등록 제2012-000376
주소 서울특별시 마포구 월드컵북로 44길 37 천지빌딩 3층
대표전화 02.372.1537 팩스 02.372.1538
이메일 booknamu2007@naver.com
홈페이지 www.booknamu.com
ISBN 979-11-85609-16-4(03980)

이 도서의 국립중앙도서관 출판시도서목록(CIP)은 서지정보유통지원 시스템
홈페이지(http://seoji.nl.go.kr)와 국가자료공동목록시스템
(http://www.nl.go.kr/kolisnet)에서 이용하실 수 있습니다.
(CIP제어번호 : CIP2014007067)

커플 교사의
신혼 배낭 여행기

김성진 지음

책나무

지금도 프라하궁에서 멀리 프라하 시내를 바라보는 그 설렘을 생각하면, 처음 그녀를 만나고 결혼하기까지의 시간들에 대한 기억들이 아련하게 떠오른다.

3년 전의 그 여름, 배낭여행의 최종 목적지.

사랑하는 사람과 함께 한 그 동유럽은 수천 년 동안 우리를 기다리고 있었다.

며칠 지나면 떠나야 하지만 머무를 수밖에 없는 호스텔, 몇 번의 헤어짐을 알고 만나는 여정 속에 사람들…… 언어가 통하든 통하지 않든, 지금 그곳에 함께 있다는 것만으로도 이웃사촌 같은 느낌이었다.

여행의 두려움에 조금은 겁에 질린 듯 뚜벅뚜벅 거리를 걸을 때도 있었고 공연을 제대로 보지 못한 아쉬운 마음처럼 늘 다른 목적지로 발길을 옮겨야 했지만, 늦은 점심을 먹으려고 레스토랑에 들어갈 때면 쭉 빠진 힘이 솟아났고, 옆 테이블에 노란머리 청색 눈을 가진 외국인의 모습에서, 개구쟁이처럼 뛰어다니는 유럽 어린이들 속에서, 한가로이 강가에서 낚시를 하는 청년의 눈 속에서 황홀한 자유를 만끽하고 있음을 느낄 수 있었다.

잠시 무뎌져 있던 감성의 물방울을 떨어뜨리고 내 안에 잠들어 있는 사랑의 기운과 모험을 좋아하는 소년의 기운이 그제야 일어났다.

병 속에 맥주가 화~하고 빠질 때처럼 그렇게, 약 7개월 동안 내 인생의 또 다른 1막이 올랐다. 언제가 이국적인 이 땅에서 사랑하는 사람들과 다시 살고 싶어졌다.

지금은 두 아이의 아빠로서, 한 아이는 엄마 뱃속에서 아름다운 세상을 보기 위한 준비를 하고 있다. 그리고 또 한 아이는 세상에 나온 지 이제 24개월이 다가오는 시점에서 엄마 아빠에게 자신의 존재감을 알리기 위해 얼마나 재롱을 떠는지, 그 재롱 보는 재미에 하루가 금방 가는구나!

나는 지금 사랑스런 반쪽 화신이와 두 아이와 알콩달콩 천안의 한 모퉁이에서 살고 있지만, 그때의 기억을 회상하며 하루하루 여행을 온 것처럼 살고 있다.

Contents

2장
유럽의 추억들

1장
여행 이야기

인생 일대에 중요한 날이 세 번 찾아온다. 첫 번째는 태어난 날, 두 번째는 부모님이 돌아가신 날, 그리고 마지막으로는 결혼하는 날. 2011년 7월 16일, 드디어 기다리고 기다리던 결혼식이 왔다.

34년을 살면서 나와 결혼할 사람이 누군지에 대해 궁금증을 가지고 살아오다가, 이제 드디어 결혼을 한다. 꿈만 같은 일이다. 그 여인은 내 인생에 마치 운명처럼 다가왔다.

내 삶에 이런 일이 일어날지

인생 일대에 중요한 날이 세 번 찾아온다. 첫 번째는 태어난 날, 두 번째는 부모님이 돌아가신 날, 그리고 마지막으로는 결혼하는 날. 2011년 7월 16일, 드디어 기다리고 기다리던 결혼식이 왔다.

34년을 살면서 나와 결혼할 사람이 누군지에 대해 궁금증을 가지고 살아오다가, 이제 드디어 결혼을 한다. 꿈만 같은 일이다. 그 여인은 내 인생에 마치 운명처럼 다가왔다.

나는 거대한 꿈을 꾼다. 이 세상 사람들이 모두 부러워하고 바라는 '이상적인 학교'를 세우는 것이다. 그 꿈을 이루기 위해 다니는 직장을 그만두고 다시 사범대학교에 편입을 했을 정도다. 하루하루 시간이 무의미하게 흐르는 것 같았지만 ,나는 한시라도 목표를 잊은 적이 없다. 목표를 가지고 살아가던 중 잠시 고민에 빠진 적이 있다. 일단 가진 돈은 없고 학원부터 시작할까 아니면 타지역으로 가서 교직생활을 하며 경험을 쌓을까 하는 기로에 선 것이다. 그런데 주변에서 나이가 아직 젊으니 더 많은 경험을 가지기 위해 학교에서 경험을 더 쌓는 것이 좋을 것 같다는 의견들이다. 그래서 나

역시 주변의 의견이 옳다 생각해서 그 의견에 따르기로 했다. 그래
서 아무도 예상치 못했던 그곳 '천안'으로 가기로 했다.

사랑하는 사람을 향한 진정어린 프로프즈

천안에서 교편을 잡으면서
이런 운명을 만날 줄 누가 알았을까?

처음 도착하여 천안 주변을 돌아본 후 첫 출근날 교무실에 들어설 때, 설렘과 낯선 느낌으로 시작되었다. 2학년 부장 선생님의 인상이 범상은 아니었다. 약간의 카리스마가 있었고 그 부장 선생님 역시 교장 선생님을 무서워하는 분이셨다.

그 교무실 안에 계신 다섯 분의 선생님 중에 남자 선생님은 나와 부장 선생님뿐이고 나머지 셋 모두 여자 선생님이셨다. 처음엔 누가 처녀이고 누가 결혼한 유부녀인지 알 수 없었다. 하지만 바쁘게 돌아가는 학교생활 속에 시간이 지나면서 차차 알아가게 되었다. 내 쪽에서 바라보는 왼쪽 끝의 여자 선생님이 바로 미래의 내 삶의 반쪽이 될 선생님이셨다. 그러나 내 자리는 내 주위에 있는 다른 선생님과 더 친할 수밖에 없는 자리였다.

그러나 나는 점점 익숙해지면서 내 삶의 반쪽이 될 화신 선생님께 마음이 가기 시작했다. 그 선생님은 내 눈에 마치 외국 배우처럼 다가왔고, 점점 마음 한 구석에 자리를 잡아가고 있었다. 그런데 때마침 기회가 찾아왔다. 학교에서 모두 퇴근하고 아무도 없는 교무실에서 찾아야 할 서류가 하나 있었다. 그 서류를 찾으려고 누군가에게 전화를 할 상황이었다. 그때 문득 생각 난 것이 화신선생님이었고 바로 수화기를 들어 전화를 걸었다. 전화벨이 울리고 드디어 전화를 받았다. 목소리는 처음 교무실에서 들을 때보다 많이 다른 목소리였다. 솔 톤에 아주 매력적인 여성성이 풍부한 목소리였다. 이 목소리는 나의 천부적인 감성을 자극했다.

그녀는 나에게 천안에 와서 어떠냐는 질문을 던졌다. 나는 이때다 싶어서 천안에 와서 아는 사람도 없고 밥도 맛있게 먹지 못한다며 푸념을 늘어놓았다. 다시 말해 '동정모드'로 들어간 것이다. 화신선생님은 그런 나에게 말을 건넸다. 다음에 맛집 한번 같이 가자고 약속을 잡은 것이다.

그러던 중 드디어 그날이 다가왔다. 베트남 쌀국수 집에서 쌀국수를 먹을 상황이 생긴 것이다. 나는 같이 쌀국수를 먹고 2차로 카페에 가서 커피 한 잔을 마셨다. 바로 몇 개월 전까지 나는 솔로였다. 당연히 길거리 지나다니는 연인들을 약간은 부러워하고 그들을 약간은 동경하며 살아왔었다. 하지만 조금씩 화신선생님이 나의 여자 친구가 되면 어떨까 하는 상상이 조금씩 떠올랐다. 그러나 그것은 나의 확고한 결단도 필요했고, 무엇보다 많은 시간이 흘러야 함을 잘 알고 있었다. 그리고 그러기 위해선 많은 노력과 의지 또한 필요함을 누구보다도 잘 안다.

그 후로 많은 사건과 여러 가지 일들을 만들면서 둘은 점점 가까워졌다. 마치 이 몇 달간 오선 줄의 음표처럼 내려갔다가 올라갔다가 하는 롤러코스터를 타는 기분이었다. 인생에 있어서 아주 중요

프라하 성당 앞에서

커플 교사의
신혼 배낭 여행기

한 시기였다. 혼자로 남느냐, 아니면 둘이 되어 하나로 남느냐. 그리고 그 결단을 하기 위해 얼마간 골똘히 생각에 잠겼다. 나는 3일이 지난 후 갑자기 확신이 생겼다. 가슴 깊이 그녀를 사랑할 수 있고 헌신할 수 있는 결심이 들어선 것이다. 또한 그녀는 나의 인생에 있어서 아주 중요한 사람이었고, 어떠한 희생을 치르더라도 아깝지 않을 사람이었다. 나는 더욱 기도하기 시작했고 내가 믿는 하나님께 간구했다. 이 결심이 올바른 결심이길 바라며…….

우리는 모처럼 휴일이어서 강원도로 휴가를 떠났다. 강원도의 아름다운 산세를 둘러보면서 둘은 더욱 다정해졌다. 강원도 정선 시장에도 들러 다슬기 국수를 먹고 즐거운 대화도 나누며 참 좋은 날들을 보냈다. 그리고 시간이 흐른 어느 날, 나는 그녀에게 청혼을 했다. 그 프러포즈에 그녀는 골몰하고 있었다. 참 진실한 청혼이었다. 나는 온몸과 마음을 다해 그녀를 사랑했다.

그러던 어느 날 그녀는 나에게 나를 정말 사랑하느냐고 물어 보았다. 그것도 새벽 2시경에…… 나는 그녀에게 최대한 나의 마음을 전했다. 전화통화 후 나는 그녀의 생각에 잠을 이룰 수 없었고, 아침 일찍 일어나서 그녀에게 모닝콜을 해주었다. 그 후로 둘은 더욱 가까워져 조금씩 사랑을 키워나갔다. 새벽에는 집을 찾아가 함께 아침을 같이 먹곤 했다. 잠도 많은 내가 새벽 5시부터 눈이 저절로 떠진다니, 사랑의 힘은 정말 위대하다. 사랑하는 사람이 생기니 매일 떠 있던 저 태양과 덧없이 지나가는 구름이 요즘은 얼마나 의미 있게 보이는지 그녀는 자주 나에 대한 사랑을 그렇게 확인 받길 바랐다. 나는 그녀의 마음을 편안하게 해주기 위해 나에게 준 이 마음을 감사하게 생각한다고 대답했다.

그러나 우리 둘 사이의 관계를 아는 사람은 학교에서 아무도 없었다. 우리는 학교에서 평소때와 같이 그저 동료 사이처럼 지냈다. 그러나 퇴근을 하고 나면 둘은 달라졌다. 함께 있고 싶어 했고, 함께 맛있는 것을 먹고 싶어 했다. 둘은 점점 더 아름다운 사랑을 하고 있었고, 그 사랑은 시간이 지날수록 깊어져만 갔다.

그러나 점점 큰 시련과 넘어야 할 산이 우리 앞에 다가오고 있었다. 일단 화신이는 주위를 의식하기 시작했다. 그래서 우리는 남의 눈에 어떻게 보일지 몰라서 낮에는 함께 돌아다니지 못했고, 화신이 또한 그 마음과 동일했다. 나는 여기저기 함께 가주고 싶었지만 화신이가 원치 않았다. 이게 바로 몰래 연예하는 사람들의 불편함이란 말인가? 화신이는 생각보다 몸을 많이 지쳐했다. 학교에서 퇴근 후 집에 돌아오면 잠을 자기 일쑤였다.

하지만 그러는 동안 어느새 둘만의 사랑은 점점 깊어만 갔다. 이제부터 부모님께 허락을 맡아야 하고, 부모님과 여러 가족들을 설득해야 한다. 먼저 우리 집안은 독실한 기독교 집안이다. 나 또한 어렸을 때부터 교회에서 먹고 자고 할 정도였다. 화신이의 어머니는 농협에 30년 이상 몸을 담았고, 아버지는 대외적으로 많은 활동을 하신다. 집에 있을 때는 농사를 지으셔서 여기저기 나누어주기 좋아하시고, 가까운 곳에 바다가 있어서 작은 돛단배를 타고 나가 망둥어 낚시가 취미인 분이다. 드디어 그녀의 부모님을 처음 만나러 가는 날이 다가왔다. 문 앞에 당도하기 전 까지 식은땀이 절로 나오고 무슨 말을 어떻게 해야 할지 마치 머리가 텅 빈 것만 같았

부다페스트 도시

다. 어떻게 시간이 갔는지 모르지만 만남을 가진 후 부터 두분은 내게 좀 더 편안하게 다가와 주셔서 편안하게 느꼈지만, 화신이는 어려울 때는 아주 어려운 분이라고 말했다. 한편 우리 부모님은 신앙심이 두텁기 때문에 화신이에게 믿음의 중요성을 강조하지만, 나는 그게 좀 걸렸다. 나는 부모님께 좀 더 친숙하게 다가가며 적당히 해주시라고 부탁을 드렸다. 하지만 화신이는 오히려 그러는 부모님을 많이 좋아했다. 본인이 대학시절 그렇게 믿음을 가지고 싶었고, 믿는 가정에 가서 결혼 생활을 하고 싶어 했다는 것이다.

결혼에 골인하기까지

드디어 부모님의 허락을 받았다. 하지만 또 다른 고민이 생겼다. 기독교인으로서 교회에서 누구나 부러워하는 결혼을 하길 바라지만, 교회에서 할 수 있을지가 고민이다. 이제는 교회에서 허락을 해주어야 하는데, 그러기 위해선 화신이가 6개월 이상 교회를 나가야 했기 때문에 시간적으로 부족해 교회에서는 교회에서의 결혼을 허락하지 않았다. 하지만 교회에서 결혼하지 못하고 예식장에서 결혼식을 하게 되었다. 어찌됐든 결혼식을 하게 되었으니 천만다행이었다.

집도 알아보러 다니고, 계약도 하고, 가구랑 소파 등도 샀다. 냉장고도 사고, 점점 구색을 갖춰가고 있었다. 화신이가 원하는 대로 도배도 하고 리모델링도 했다. 리모델링을 한 우리 집은 너무 아름다운 둘만의 공간이었다. 점점 근사하고 예쁜 집으로 변해가고 있었다. 말이 나온 김에 집을 알아보기가 가장 힘들었다. 전체 20집 정도는 본 것 같다. 처음엔 텃밭도 가꾸자고 해서 폐가를 사서 우리가 다시 꾸며보자는 등 별의 별 생각이 머리에 다 스쳐지나갔다.

이에 앞서 신혼여행 준비도 병행해야 했다. 우리는 유럽과 미국 중 유럽으로 가기로 서로 마음을 모았다. 비행기 표는 러시아행 비행기이다. 비용은 성수기여서 조금은 비싸게 구입했다. 이제 비행기 표도 구입했으니, 본격적으로 여행 준비를 해야 한다. 옷부터 시작해서 카메라 등 여러 가지 준비를 했다. 이제 드디어 하루하루 그날이 다가온다.

언제나 화신이 부모님은 나를 '우리 사위'라고 부르며 무척 반가워 했다. 단 나는 술을 먹지 않는다. 화신이 식구들은 술을 무척 좋아하는데, 사위가 술을 좋아하지 않으니 그것 하나는 싫다고 했다. 하지만 장모님은 술을 마시지 않는다는 점에서 사위를 무척이나 좋아하셨다.

드디어 결혼식에 앞서 화신이네 마을에서 피로연을 치른다. 전통적으로 마을에서 행해지는 축제로, 큰 경사가 있을 때마다 치르는 일이다. 마을회관에서 여러 동네 어르신들을 모시고 잔치를 벌였다. 이곳저곳에서 음식을 하는 손길로 분주하다. 아주머니, 이모 할 것 없이 머리에 땀을 뻘뻘 흘리고 계신다. 각 모퉁이에서는 부침 부치는 손길, 또 밥하는 손길과 반찬을 만드시고 국을 끓이시는 손길 등 모두가 아주 바쁘게 움직인다. 주인공인 나와 화신이는 아침 9시부터 오시는 손님들께 계속 절을 하고 인사를 나누며 무척이나 바쁜 시간을 보냈다. 한복으로 곱게 차려 입어서 아주 좋아 보이고 사진도 무척 많이 찍었다. 한 분 두 분 오시더니 이제는 100분, 500분, 800분 이상이 오신 것 같다. 그날 아주 반가운 분들이 많이 찾아주셔서 너무 감사했고 평생에 잊지 못할 날이었다. 하루를 보내고 잠을 잔 후 밤늦게 집으로 출발했다. 나에게는 아직 어색한 태안 땅이 친근감이 생기는 중이다. 먹을 것도 많고 놀 것도 많고 너무나도 즐거울 따름이다.

　그렇게 일주일이 지나고 이제 드디어 결혼식이 왔다. 화신이는 결혼식 전날 친한 언니와 온천에서 여장을 풀었다. 아주 좋은 시간이었다고 한다. 아침에 둘은 웨딩 문화원으로 가서 옷부터 하나하나 준비하기 시작했다. 머리도 다시 하고, 그때 한 분 두 분 친척분들이 오기 시작했다. 이제 드디어 나는 또 다른 나의 모습으로 변해가고 있었고, 화신이 또한 더욱 아름다운 모습으로 변해가고 있다. 화신이는 웨딩촬영 당시 했던 머리모양이 더 예쁜 머리 모양이라고 말하곤 했다. 하지만 이제는 어쩔 수 없다. 머리가 다 완성되었기 때문이다. 신부 대기실에 있는 화신이에게 많은 입장객들이 들어왔다.

　이제 드디어 운명의 시간이 왔다. 신랑 입장과 신부 입장, 그리고 많은 하객들의 축하가 이어지고 축하곡이 끝났다. 양가 부모님께 절을 한 후 결혼식의 하이라이트, 행진이 시작되었다. 행진은 우리에게 큰 의미이다. 우리가 살아가야 하는 인생의 최초의 발걸음이기 때문이다. 결혼식이 끝나고 여러 가지 짐을 챙기고 하객들에게 인사를 했다. 식당과 로비, 여기저기에서 누가 누군지도 모르지만 많은 분들께 인사를 했다. 이제부터 우리는 누구도 깰 수 없는 부부가 되었다, 둘이 걷는 인생에 있어서 좋은 날도 많겠지만 어려움도 많이 있을 수 있을 거라 생각하지만 지금은 그런 모든 걸 잊어버리고 싶다.

유럽의 배낭여행을 선택하게 된 이유는 뭐랄까!!

우리는 남들과 다르게 그편하고 좋다던 보라카이나 아름다운 바다에서 휴양할 수 있는 리조트로 신혼 여행지를 잡지 않은 이유는 여러 가지가 있다.

첫째 인생은 고생을 사서하라는 말이 있다. 그리고 서로 서로가 그 부분에 동감을 하고 있었다. 단지 유럽이냐 미국이냐를 가지고 고민은 했다. 하지만 미국이라는 나라는 이미 나는 가보았고 화신이는 가지 않았지만 언젠가는 또 가볼 수 있다는 기대감이 있었고 그런 이유로 선택은 자연스럽게 유럽이었다.

게다가 서유럽도 아니고 동유럽으로 택한 이유는 동유럽은 대체로 사회주의국가였던 나라가 대부분이다. 동독이 그랬고, 체코 등 많은 나라가 그랬다.

둘째 누구나 배낭여행을 하고 싶어 하는 게 요즘 젊은이들의 꿈이며 희망이다. 그러나 현실상 그렇지 못하는 경우가 많다. 우리도 마찬가지였다. 매일매일 계속되는 일상 속에서 일상 탈출이라는 이름으로 배낭여행을 선택하곤 한다. 물론 국내에서나 가까운 동남아로

홀로 여행을 떠나는 사람은 많고 친구끼리 배낭여행을 떠나는 경우는 많다. 하지만 우리는 커플이면서 새로운 신혼부부이다. 신혼부부로서 여행지를 배낭여행을 택하게 된 계기가 여기 있다.

어떤 일이 있을지 모르지만, 여행 속에서 모든 일을 슬기롭게 이겨냈던 것처럼 인생을 평생 함께 살아가야하는 삶 속에서 여행에서처럼 어려움이나 뜻하지 않는 일에 봉착했을 때 서로가 힘을 합하여 슬기롭게 이겨 나가는 즐거움이 있었고 그 경험대로 지금까지 잘 지내고 있고 또한 지금도 그때의 기억이 활력소가 되어 하루하루를 보람차게 보내고 있다. 또 지금도 그때의 일을 추억하며 서로의 애틋한 사랑과 이 세상에서 둘도 없는 동반자라는 것을 서로 느끼며 서로 귀하게 생각한다.

드디어 난생 처음 유럽을 가다!

드디어 집에 돌아와서 신혼여행 갈 준비를 했다. 말로만 듣던 유럽을 간다니……. 그것도 가장 사랑하는 사람과 함께 갈 수 있다는 것에 대해서 참 행복하다는 생각 때문에 더욱 좋았다. 그날 저녁 한 가득 모인 친척들에게 인사를 하고, 리무진을 타고 인천공항으로 향했다. 리무진을 타는 곳까지는 동생이 데려다주었다. 드디어 가는구나! 나 혼자가 아니라 나의 반쪽과 함께하는 출발!

인천공항 주변의 한 호텔에 도착한 화신이와 나는 모두가 인정한 첫날밤을 함께 보내게 되었다. 아주 멋진 호텔에서 처음으로 공식적으로 함께 있는 시간이다. 호텔에서는 이것저것 신기한지 만져보고 쳐다보기 시작했다. 그리고 TV도 켜보고 서로의 기대에 차있는 대화가 이어지다가 내일을 위해 잠들었다.

아침에 울리는 따르릉 모닝콜 소리에 우리는 일어나기 시작했다. 너무 싱그러운 아침이었다. 이 얼마나 가벼운 발걸음인가! 우리는 짐을 챙기면서 비행기를 타고 떠난다는 설렘에 매우 들떴다. 아침 식사를 하러 식당에 내려갔는데 호텔식당은 이국적인 느낌이 물씬

프라하로 가기 위해

풍겨왔다. 벌써 외국에 온 것 만 같
았다. 아침을 먹으러 식당으로 내
려오는 중 우리에게 큰 걱정거리
가 생겼다. 화신이가 여권을 찾아
보니, 유효일이 지난 구여권이었
던 것이다. 앞으로 출발시간이
3시간밖에 남지 않았다. 걱정
과 불안이 밀어닥치는 순간이
었다. 화신이는 집에 갔다가
와야 한다는 둥 내일 출발을 해야 한다는 둥 이
리저리 방법을 찾아보고 있었다. 화신이는 나에게 답을 구했다. 그
러나 갔다 오면 비행기를 탈 확률이 적었다. 비행기를 놓치면 끝장
이다.

그러던 중에 나는 한 가지 좋은 방법을 생각해냈다. 바로 퀵서비
스를 부르는 것이었다. 여기저기 퀵서비스 업체에 전화해 보니, 비
용은 비록 십만 원이 넘었지만 가장 좋은 방법이었다. 가격이 가장
싼 업체에 전화를 했더니, 업체에서는 바로 떠날 수 있고 1시간 30
분이 걸린다고 했다. 둘은 안도의 한숨을 내쉬었다. 나는 비용이 좀
더 싼 방법을 찾아 봐야겠다고 하며 계속 방법을 모색해 보았다. 그
와중에 인천공항 외교통상부 지사에 연결이 되어 특별한 경우에 한
해서 여권을 즉시 발급 가능하다고 했다. 나는 좋아서 화신이에게
이 말을 전했지만, 이미 퀵서비스를 불러서 취소할 수 없다고 하여
그냥 잠자코 기다리기로 했다.

사회주의 국가에서 코카콜라를 보는 것이 놀라웠다

인천공항으로 나가 보니, 많은 사람들이 분주하게 오가며 발걸음을 재촉하고 있었다. 화신이는 환전을 하기 위해 은행으로 갔고, 나는 발권 수속을 밟기 위해 창구로 가서 줄을 섰다. 1시간 20분이 지난 후 드디어 퀵서비스 기사님이 도착하여 여권을 건네주었다. 비용은 11만 원이었다. 돈은 아까웠지만 내 손에 여권이 주어져 이제 계획대로 여행을 갈 수 있다고 생각하니 마음이 한결 편안해졌다.

나와 화신이는 이제 드디어 생애 처음으로 둘이 함께 유럽여행을 간다. 아주 긴장되는 순간이고 정말 기분 좋은 순간이다. 이런 마음을 누가 알까? 러시아행 비행기 247호를 타고 우리는 일단 러시아 모스크바로 간다. 모스크바에서 2시간을 머무른 후, 체코 프라하로 넘어간다. 곧 비행기가 이륙한다. 하늘을 보니 온통 솜털 같은 구름으로 가득 차있었다. 이 순간이 지속되었으면 하는 바람이었다. 저 멀리 지구의 끝이 보인다. 이렇게 날아가는 것이 신기하다. 혹시 무슨 일은 일어나지 않을까 긴장도 되지만 그 긴장이 이 설렘을 이길 수는 없었다. 창공에서 내려다보는 땅은 마치 난쟁이 나라처럼 모든 게 작아 보인다. 지나가는 차도 성냥갑처럼 보이고, 나무는 잔디처럼 보이고 산조차도 낮은 언덕으로 보인다. 차들은 정말 잘 닦인 아스팔트 위를 걸어가고 있다. 아니, 기어가고 있다는 표현이 더 적당하다. 한 시간이 지난 후 기내식이 들어왔는데, 정말 맛있었다. 화신이는 영화를 보며 행복한 시간을 보냈다. 잠도 자고 이야기도 하며, 9시간 정도가 지나 드디어 여기 모스크바에 도착하였다.

와우! 처음 도착한 여기 모스크바는 추운 땅이다. 러시아는 공산권국가였다가 이제 자본주의를 받아들인 지 30년이 지나면서 많은

체코 지도

발전과 변화가 있었다. 모스크바는 예상했던 것보다 조용했다. 최근 발표에서 가장 물가가 비싼 나라 1위에 모스크바가 뽑힌 만큼 역시 물가는 너무 비쌌다.

공항에서 이리저리 돌아다니다가 2시간이 훌쩍 지났다. 방금 체코행 비행기에 몸을 실었다. 이제 드디어 기다리고 기다리던 체코로 발길을 옮겼다. 체코는 역대 유럽의 전성기를 이끌었던 유럽의 선진 국가였지만, 오랜 공산주의와 사회주의로 인해 쇠퇴의 길로 접어들었다. 예전의 찬란했던 영광을 재현이라도 하듯 현재 체코는 점점 자본주의를 받아들여 더욱 발전해 있다고 한다.

지리적으로는 유럽 중부에 위치한 내륙국으로, 제2차 세계대전

후 독일로부터 독립하였다. 체코인과 슬로바키아인이 인위적으로 합쳐진 체코슬로바키아는 1990년 국명을 '체코슬로바키아 연방공화국'으로 고쳤다. 체코슬로바키아는 동유럽공산주의 국가 중 최고의 생활수준과 높은 문화를 유지한 공업국가이다. 체코인과 슬로바키아인의 언어적·문화적 이질감과 경제적 차이를 해소하기 위하여 1990년에는 슬로바키아공화국과 연방제를 구성하였다가, 평화적으로 분리·독립하여 오늘날의 체코공화국(The Czech Republic)이 되었다.

프라하로 가는 길은 설렘으로

　모스크바에서 프라하까지는 비행기로 두 시간을 더 가야 한다. 우리는 비행기를 갈아타고 체코로 향했다. 잔뜩 부푼 기대감을 안고 체코로 향하던 중 어떤 대만 사람이 우리 자리에 앉아 있었다. 그 자리는 창가 자리였다. 모스크바까지 오는 동안 우리는 창가에 앉지 않고 통로 쪽에 앉아 먼발치에서나마 하늘 아래 유럽과 러시아 땅을 내려다볼 수 있었다. 그렇기 때문에 더욱 원하던 자리가 창가 자리이다. 그런데 대만 사람은 "제가 이 자리 앉으면 안 돼요?"라고 물어보며 계속 앉아 있었다. 우리도 창가 자리를 원했기 때문에 양보할 수 없었다.

　우리는 정말 우여곡절 끝에 밤 10시 30분, 체코 프라하에 도착하였다. 체코 공항에 내리니 우리나라와는 사뭇 다른 공항의 모습이 보였다. 생각과는 달리 프라하의 밤은 조용했고 고요했다. 한국처럼 번쩍이는 네온사인의 야경보다도 옛날 왕국의 발자취를 그대로 남겨둔 느낌이었다. 우리는 숙소를 찾아가기 위해 교통수단을 어떻게 이용해야 하는지부터가 궁금해졌다. 일단 허둥지둥 버스를 탔다. 버스 안에는 사람들이 그리 많지 않았고 여유로워 보였다. 대부분의 사람들이 여행객이었다. 이들 중에 우리처럼 신혼여행을 배낭여행으로 온 사람이 있을지 궁금했다.

많은 건물들과 다리를 지났다. 어디서 내려야 할지 모르는 궁금증과 약간의 설렘 속에 우리는 결정을 내렸다. 많은 사람이 내리는 곳에서 내리기로 한 것이다. 그곳이 바로 '올드 트라파다 역'이다. 버스 정류장이 지하철과 역과 연결되어 있었다. 지하로 내려온 우리는 어떻게 지하철을 옮겨 타야할지 얼마의 차표를 사야 하는지 도무지 알 방법이 없었다. 체코는 체코어를 사용한다. 그래서 영어를 사용할 수가 없었다. 이래저래 우리 숙소가 있는 가까운 지하철역에서 내리기로 했다. 내린 시간이 11시 늦은 밤이라 지하철 안에서는 사람들이 잠을 자거나 가까운 사람들과 함께 수다를 떨고 있었다. 사회주의체제에서 자본주의로 바뀐 지 얼마 되지 않아서 인지 체코는 비교적 조용한 편이지만 젊은 사람들은 서유럽 못지않게 개성이 강하고 자유분방했다.

지하철에서 내려 한참을 걷다가 택시를 잡았는데, 택시 아저씨는 우리가 찾는 숙소가 바로 여기라고 했다. 동쪽으로 난 길을 따라 10분을 걷는 중에 우리가 찾고 있는 주소를 드디어 찾았다. 기쁨도 잠시, 숙소는 캄캄했다. 숙소 입구에 불이 켜지더니 1분 남짓 되어서 불이 꺼졌다. 1분 후에는 무섭기까지 했다. 바로 옆에 있던 화신이의 얼굴조차 볼 수 없을 정도였다. 어렵게 찾은 사무실에는 아무도 없었다. 곧 어떠한 사람(?)이 와서 방을 안내해 준다고 하여 3층에서 등록을 마치고 방이 있는 지하로 내려갔다. 방을 여는 순간 우리는 깜짝 놀랐다. 기대했던 넓은 방도 아니고 흔한 TV조차 볼 수 없었기 때문이었다. 침대는 밝은 분홍빛 바탕에 꽃무늬가 그려져 있었다. 순간 보이는 건 먼지 쌓인 90년대 라디오였다. 라디오를 켰더니 어느 나라인지 언어를 알 수 없는 말로 노래가 흘러나왔다.

샤워장은 앉을 수 없을 정도의 작은 정사각형에 문이 있는 좁은 공간이었다. 몸을 숙여서 발을 닦는 것은 상상할 수 도 없을 만큼의 공간이었다. 오히려 내 체구가 이 정도인 것이 감사할 따름이었다. 이래저래 새벽 12시가 넘어갔다. 우리는 그래도 신나는 마음에 부모님께 노트북으로 전화를 드렸다. 그나마 인터넷이 되어 참 위안이 되었다. 하지만 그밖에는 정말 아무것도 없었다. 부모님께 전화 드린 마음이 뿌듯하기만 했다. 수천만 리 떨어진 이곳에서 수화기도 없고 선도 연결되지 않았는데 통화할 수 있다는 즐거움만으로도

정말 아름다운 프라하의 야경

행복했다. 우리는 뒤척이다가 너무 피곤한 나머지 언제 잠이 들었는지도 모르게 스르르 잠에 들었다.

아침 일찍 눈을 떴다. 어느새 아침이 밝았다. 6시 30분, 허둥지둥 설레는 마음에 밖으로 나가 보니, 안개가 자욱했다. 마치 한국의 초봄 같았다. 자욱한 안개 사이로 자동차가 조금씩 보이기 시작했다. 상점들은 아직 문을 열지 않았다. 우리는 인근 공원이나 집 주변을 돌아보면서 아름다운 곳을 배경으로 사진을 찍기 시작했다.

아침도 먹지 않은 채 돌아다니다가 어느 정도 시간이 지나, 아침을 먹기 위해 숙소로 돌아왔다. 아침은 빵과 치즈와 우유였다. 대부분의 사람들은 간단하게 먹었지만, 우리는 신혼여행 치고 너무 간소한 식사를 하는것 같다. 밖은 아직 고요했다. 다시 방에 들어와서 우리는 나갈 채비를 하고 카메라에서부터 옷가지를 챙겨 입고 걷기 시작했다. 발걸음은 그 어느 때보다 가벼웠다. 여기저기 동양과는 다른 건물 양식의 오래된 건물들이 즐비했고, 많은 유적지에 사람들이 북적대는 것이 참 색다르게 다가왔다. 우리나라는 옛날 건축물에 사람이 살지 않고 그저 견학의 목적으로만 사용될 뿐이기 때문이다.

우리는 그날 한 프랜차이즈 핫도그 집에 들러 핫도그를 사먹었는데, 참 색다른 맛있었다. 그런데 핫도그 집에서 화장실을 보고 놀랐다. 일단 변기에 물을 내리는 것이 등 뒤에, 그것도 정확히 한가운데 있어서 잡기 불편했다. 왜 이런 곳에 물내리는 손잡이를 뒀을까? 하는의구심에 잠시 잠겼다. 그리고 화장실이 무척 깨끗하다는 생각이 들었다. 그 후 여기저기서 포즈를 취하면서 누가 보든 안보든 아랑곳하지 않고 계속 좋은 배경에서 사진을 찍었다. 하지만 어

체스키 크루믈루프의 집들

느새 카메라의 건전지가 초읽기에 들어갔다. 가던 길에 호텔에 들러 건전지를 교체하기로 했다.

건전지를 교체한 우리는 프라하성을 향해 발걸음을 옮겼다. 프라하성은 체코의 대표 상징물이자, 유럽에서도 손꼽히는 거대한 성이다. 9세기 말부터 건설되기 시작한 프라하성은 카를 4세 때인 14세기에 이르러 지금과 비슷한 모습을 갖추었고, 이후에도 계속 여러 양식이 가미되면서 복잡하고 정교한 모습으로 변화하다가 18세기 말에야 현재와 같은 모습이 되었다고 한다. 왕궁뿐 아니라 성 안에 있는 모든 건축물들이 정교한 조각과 높이 솟은 첨탑, 화려한 장식으로 구성되어 있어 이 정교하고 아름다운 프라하성을 보기 위해 세계 각지에서 관광객들이 끊이지 않고 있다.

우리는 점점 마음이 두근거리는 것을 느끼기 시작했다. 북적거리는 시내 한복판을 보니 왠지 우리가 시장 한가운데 있는 것 같아 좋았다. 프라하성까지 오르는 데는 무척이나 급한 경사도로가 몇 번 있었다. 가는 도중에 어김없이 주위 여기저기에 한눈이 팔렸다. 거의 대부분이 한국에서 볼 수 없는 것이었기 때문이다. 여기저기에서 뮤지컬, 음악회 등 많은 행사가 열렸다. 콘서트가 열린다는 광고지도 여기저기 많이 있다. 호기심에 여기저기에서 나눠주는 광고지 하나를 유심히 살펴보았다.

우와! 그때 화들짝 놀란 게 있다. 귀에 익숙한 내가 아는 음악이다. 베토벤의 운명, 또 그 음악을 파이프 오르간으로 연주한다니…… . 너무 듣고 싶었다. 그래서 우리는 그중 가장 괜찮은 콘서트를 가기로 결정했다. 대부분의 콘서트는 성당에서 이루어졌다. 중세 건축물로 이루어진 성당은 정말 눈을 뗄 수가 없는 건축물이다. 어떻게 이런 건축물을 지었을지 상상하기도 힘들다. 성당 안은 으리으리한 옛 성인이나 예수님의 제자들의 성상이 서 있었고, 천장에는 화려한 물감으로 그린 성화들이 꽉 차있었다.

우리는 뒤에서 세 번째 정도에 앉아 기도를 드렸다. 그동안 건강하게 살게 해줘서 감사하고, 여기까지 무사히 올 수 있게 해주셔서 감사하고, 아름다운 모습으로 둘이 만나게 해주심에, 양가부모님들이 살아 계심에 감사하며, 우리 결혼을 축복해줄 지인들이 있어서 감사하다고 말이다. 생각해 보면 감사할 일이 정말 많다. 끝없는 감사 기도를 드리고 싶었지만, 이제 곧 콘서트가 시작된다.

웅장한 교회 안에 사회자가 소개를 하고 드디어 처음 경험하는 파

프라하 바츨라프 광장

이프 오르간 연주를 듣게 되었다. 따라라~ 나는 잠에 취한 건지, 음악에 취한 건지 모르게 취해가고 있었다. 그 평온한 분위기 그만 잠이 들고 말았다. 음악이 끝날 때쯤 어느새 화신이가 나를 깨웠다. 결국 나는 화신이에게 핀잔만 듣고 말았다. 자는 건지 음악을 듣는 건지, 너무 피곤한 나머지 끝났다는 사실조차도 모르고 잔 것이다. 내 생애 잊지 못할 콘서트였지만, 그 피곤한 졸음은 그 아름다운 음악 선율조차 이겨낼 수 없을 만큼 무거웠다.

거리에 아기자기한 장난감에서부터 인형에 이르기까지 여러 가지 물건이 많았고, 특히나 체코와 러시아 전통인형들이 무척 많았다. 갖가지 장식들로 화려하게 꾸민 진열장에는 매우 아름다워 눈을 뗄 수 없었다. 우리는 어디로 발길을 돌려야 할지 많은 고민을 했다. 여기저기 다 가보지 않은 곳이라 결정하기 애매했다.

우리는 먼저 트램을 먼저 타보기로 했다. 트램은 직접 차표를 검사하지 않고 검사원들이 수시로 검사를 한다. 트램은 정류장이 따로 있는데 기차역이 아닌 버스 정류장처럼 생긴 곳에서 멈추면 올라타면 된다. 트램 안의 좌석은 우리나라 기차나 지하철처럼 배치되어 있었다. 트램에서 보는 창은 너무 다양한 모습이었다. 속도는 그다지 빠르지 않지만 도시 구석구석 다 다녀볼 수 있어서 좋았다.

프라하에서 교외로 나가는 트램 안

우리는 체코의 심장부라 할 수 있는

프라하 시계탑 위에서

체코 독립 영웅 '바츨라프 장군' 기마상이 앞에 있는 길에서 내렸다. 그곳에서 많은 군인들이 줄 맞추어 사열을 하고 있을 생각을 하니 정말 대단하다는 생각이 들었다. 바츨라프 광장은 폭이 20m 되는 편도 8차선 정도의 큰 대로의 끝이다. 양쪽으로는 상점들이 줄지어 자리 잡고 있고, 많은 사람들이 상점에서 저마다 여행의 기분을 만끽하며 상품들을 구경하고 사고 있었다. 1년 전만 해도 꿈도 못 꾸는 상황이 연출됐다. 사랑하는 사람을 기적적으로 만나 서로가 너무나 원했던 사랑의 배낭여행이 이렇게 신혼여행을 대신할 줄 누가 알았을까?

그날 저녁 우리는 다시 숙소에 밤늦게 들어오면서 서로가 오늘 하루 너무 보람 있었지만 피곤한 몸에, 단출한 시골방 같은 공간이 새삼스럽게 친근하게 느껴졌다. 어제만 해도 신혼여행 첫날밤을 이런 반지하에 TV도 없고 80년대식 럭키금성 상표가 붙은 라디오 하나에 1평 남짓한 샤워장에, 그것도 앉으면 일어서기도 힘든 정도의 작은 샤워장에서 보낸다는 게 울고 싶을 정도로 싫었다. 하지만 고운 보랏빛 이불과 침대는 그나마 우리에게 위안이 되었다. 이제 이곳이 프라하에서 우리가 내일을 위해 휴식을 취해야 할 장소이며 유럽에 와서 첫날밤을 보낸 장소가 되었다.

프라하 시계탑

프라하 둘째 날,
오늘은 무슨 일이 우리를 기다리고 있을까?

프라하의 둘째 날. 지난밤 어떻게 눈을 감았는지도 모르지만 아침에 창틈 사이로 스며든 눈부신 햇살이 우리를 깨웠다. 프라하의 문들은 아주 무거워 보이는 철문으로 이루어져 있으며 열쇠식이기에 무척 불편했다. 열쇠를 왼쪽 방향인지 오른쪽 방향인지 모르지만, 세네 번은 돌려야 문이 열렸다. 만약 핀트가 맞지 않으면 몇 번이고 방향을 바꾸어가며 다시 돌려야 한다. 수상한 사람이 쫓아올 때 밖에 문을 따고 방에 들어와야 하는데, 설마 이렇게 문이 열리지 않는다면 우리는 범인에게 당할지도 모르겠다는 생각도 머리를 스쳐갔다.

우리는 침실을 정리하고 각자 나갈 채비를 하고 식당으로 올라갔다. 그곳에 방금 누군가에게 뜯겨진 빵 봉지와 산지 한 달 된 잼 통이 고스란히 놓여 있었다. 그런데 실망스러운 것은 자세히 보니 빵 옆에 파란 곰팡이가 피어 있었다는 점이다. 우리는 더 이상 먹을 생각을 하지 못하고 웃으며 그냥 밖으로 나섰다.

오늘은 프라하의 대표적인 명소인 카를교와 어제 다 둘러보지 못

한 프라하성으로 향한다. 아침부터
스마트폰의 배터리를 가득 채우고,
그것도 모자라 각자의 디지털 카
메라와 삼각대를 준비했다. 사진
찍을 곳이 얼마나 있을까 걱정했
지만, 우리 생각과는 전혀 달랐
다. 가는 곳곳마다 사진 찍기에
바빴다. 온통 새로운 것들로
우리의 시야를 가득 채웠다.

프라하 전망대에서

　얼만큼 걸었을까? 우리는 잠시 가다가
한국의 벼룩시장 같은 곳을 발견했다. 누군가가 입었던 옷이나 악
세사리를 깨끗이 빨거나 수선·정리해서 팔고 있었다. 상상도 못할
가격으로 팔고 있었는데 그곳에 있는 물건들을 다 사고 싶었다. 그
만큼 가격이 무척 쌌다. 하지만 들고 다닐 게 걱정이어서, 몇 가지
물건들만 구매하기로 결정했다. 하지만 가격이 너무 저렴해서 갑자
기 필요로 한 물건들이 마구 떠올랐다. 동전지갑, 벨트 등 눈에 괜
찮다 싶은 것들은 모조리 샀다.

　벼룩시장에서 나온 후 우리는 멀리 보이는 프라하성으로 향했다.
올라가는 시간까지 많은 인파들이 프라하성을 향하고 있었고 또 많
은 사람들이 그 반대방향으로 향하고 있었다. 중세 시대에 이렇게
많은 건물들을 세웠다는 것도 놀랍지만, 역사 유물 치고는 너무 근
사했고 웅장해서 또 한 번 놀랐다. 지금까지 중세 시대 사람들이 살
아 있다면 한 번 꼭 만나 어떻게 이런 건물들을 만들 수 있었는지 묻

프라하 대통령궁 앞에서

멀리서 바라본 체코 마을

고 싶을 정도였다.

우리는 성내를 구경하고 밤늦게 내려와서 시내에서 가장 분위기 있는 레스토랑으로 갔다. 어느 누구도 그곳에서 슬퍼하거나 화난 표정을 짓는 사람이 없었다. 모두가 환하게 웃으며 즐거운 한때를 보내고 있었다. 우리가 주문한 음식은 체코 전통 스테이크였다. 어느 누구도 이 맛을 흉내 낼 수 없을 거라는 생각이 들만큼 맛있었다. 체코에서는 야외 테라스에서 맛있는 음식을 먹으면서 와인 한 잔과 함께 깊어가는 저녁, 좋은 사람들과 함께 시간을 보내는 것을 즐긴다.

오늘이 프라하에서 마지막 밤이다. 내일은 우리가 독일의 뉘른베르크로 간다. 어렵사리 찾아낸 뉘른베르크는 아무도 보지 못한 미지의 땅과 같다. 그날을 위해서 우리는 그만 숙소로 돌아왔다. 숙소로 오는 내내 차창 밖에는 체코의 아름다운 야경이 어두운 밤하늘을 밝혀주고 있었다. 내일은 또 무슨 일이 일어날지 모르는 흥분된 가운데 잠자리에 들었다.

체코의 동화마을 체스키 크루믈르프

　체코에서 3일째 우리는 오늘 프라하에서 남쪽으로 200㎞정도 떨어진 체스키(체스키 크루믈르프 줄임말)로 간다.

　체코야말로 여기저기 가 볼 때가 많지만 정말 여기를 빼먹으면 체코를 가봤다고 말할 수 없다. 물론 사전에 체스키에 대해 사전조사를 했지만 직접 가보지 않고는 감동을 느낄 수가 없다. 체코에서 두 번째로 큰 성이며 도시자체가 유네스코로 지정되었을 정도로 아름다운 곳이다. 아침 일찍 서둘러 프라하 동역으로 갔다. 여기저기 물어물어 알아낸 결과 기차는 거의 없고 버스를 타고 가는 게 일반적이라는 것이다. 그런데 버스를 타기 위해선 다시 트램을 타고 버스 승차장으로 움직여야 한다. 지금 비가 부슬부슬 내린다. 비를 맞아도 체스키를 간다는 생각에 불편하다는 생각은 전혀 들지 않는다. 드디어 버스터미널에 당도했다. 수소문해서 버스 승차권을 구입하고 1시간 후면 체스키 가는 버스를 탄다. 잠시 아침 일찍 숙소를 나와 먹지 못해 홀쭉해진 배를 달래고자 근처 식당을 찾았다. 어느 정도 허기를 달랜 후 드디어 버스 시간이 되어 꿈에 그리던 체스키로

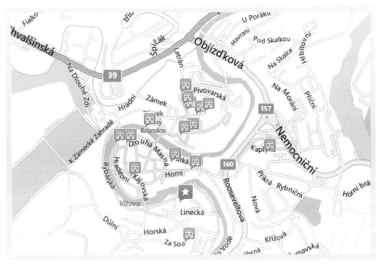

체스키크룸푸프 지도

출발한다. 창밖을 내다보며 즐거운 시간을 보낸지 2시간이 지나 드디어 체스키에 당도했고 승차장에서 내려 근처 펜트하우스에 숙소를 잡았다. 내릴 때부터 이 도시는 뭔가 계획적인 느낌이 들었다. 동화를 쓰기위해 마치 인위적으로 만든 것처럼 느껴질 정도다. 숙소에서 짐을 푼 후 이곳 저곳을 돌아다닌다. 제일 먼저 눈에 띈 건 정말 우람한 체스키 성이다. 13세기경 남보헤미아의 비테크 귀족 집안이 지었다고 한다. 그리고 그 밑으로 흐르는 S자 모형의 강, 강의 이름이 블타바 강이라 한다. 그 강 주위에 에워 싸고 있는 주황색 빨간색 지붕의 집들이 마치 동화마을을 연상케 한다. 강가에선 여름이라 래프팅을 타는 사람들이 있다. 또한, 이곳은 그 어느 정원과 비교해도 손색없는 아름다운 정원이 있다. 알아보니 그 정원은 바로크 양식의 궁중 정원이라 한다. 우리는 좁은 골목길을 돌아다니며 이곳에서만 파는 빵을 사 먹으며 몇 번이고 이곳을 돌아다녔다. 매우 아름답다는 감탄사와 함께 이곳의 풍광을 마음에 꼭 간직하고 싶었다. 시간이 밤 9시에 가까울 무렵 숙소에 왔는데 주인집 아저씨가 반갑게 맞이해 주셨다. 펜트하우스만 3개를 운영한다 하신다. 우리는 간단하게 군것질을 하고 이곳 체스키에서 2박 3일 일정을 얼마나 알차게 보내야 할지 계획을 세우고 내일 무엇을 먹을지를 고르기 위해 베개 싸움으로 정하기로 했다. 베개 싸움에서 이긴 사람이 원하는 음식을 먹는 것이다. 이곳에 와서 베개 싸움이 없다면 심심해서 안 된다는 생각에 내일에 지장이 없을 정도로 하고 하루를 마감했다.

아침에 눈을 떠 부랴부랴 챙길 것을 챙기고 숙소를 나섰다. 아기자기한 카페와 상품점을 돌아다니다 보니 어느새 식사시간이 되었다. 근처 마굿간을 꾸며 음식점으로 만든 곳을 가기로 했다. 여기는 여러 방이 있고 지금도 말구유가 있다. 각각의 방을 식당처럼 꾸몄다. 참 특이 했다. 당장이라도 말이 나올 것 같았지만 지금은 너무 오래되어 말 냄새조차 느낄 수 없었다. 이곳에선 바다가 멀다. 그런데 나는 메인요리가 생선으로 만든 것을 시켰고 화신이는 스테이크를 시켰는데 주문하고 나서 생각해보니 이곳에서 생선요리는 아닌 것 같다는 생각이 들었다. 그런데 생각과는 다르게 너무 맛있었다. 그리고 저녁엔 유일하게 여기에도 동양음식점이 있는데 중국음식점이었다. 이곳에 스파이시 누들을 판다고 한다. 한국인답게 매운 음식이 생각나서 난 한치 망설임도 없이 스파이시 누들을 시켰는데 너무 맛있어서 하나를 더 추가했다. 식사를 다하고 식당을 나오면서 이런 대화를 했다. 한국음식점 하나 없는 것을 보고 여기에 한국음식점 하나 내고 여기서 살까? 지금은 둘다 Yes다. 나중엔 대답이 바뀔지 모르지만……

이렇게 체스키의 마지막 밤이 흐르고 있다.

여기 와서 독일까지
가 볼 생각은 없었는데

새벽에 갑자기 눈이 떠졌다. 지금까지 여기 있는 동안 너무 행복했다. 일상의 탈출이라서가 아니라, 사랑하는 사람과의 동행이기 때문이다. 우리는 아침 9시 차를 타고 뉘른베르크로 향했다. 원래 계획대로라면 독일은 가 볼 계획이 없었는데 우리가 가지고 있는 유레일 패스가 독일 뉘른 베르크로 가는 버스를 무료로 이용 할 수 있다는 정보를 듣고 가기로 했다.

체코 동역 앞에 2층 버스가 대기하고 있었다. 우리가 유레일패스를 가지고 있어서 1등석을 무료로 탈 수 있다는 생각에 좋아했지만 그 기쁨도 잠시, 독일 국경에 들어서자 버스직원이 다시 요금을 내라고 했다. 우리는 황당했다. 유레일패스를 끊었는데 왜 요금을 더 내야하는지 의견을 주고받았다. 그 이유는 독일이 유레일패스에 속한 나라가 아니었기 때문이었다. 다시 말하면 체코 국경까지가 무료였던 것이다. 그래서 다시 요금을 내야 한다는 것이다. 버스 안에는 1등석과 2등석이 있었다. 1등석은 2등석에 비해 요금이 두 배나 더 비싸다. 우리는 울며 겨자 먹기 식으로 1등석을 타고 갈 수밖에

뉘른베르크 지도

없었는데, 그 것도 하나의 추억이겠거니 생각했고, 가는 동안은 너무 편안했다.

　드디어 독일에 들어서니 눈앞에 넓은 평야가 펼쳐졌다. 아무리 평야라지만 우리나라와 사뭇 다른 환경이었기 때문에 굉장히 신기했다. 멀리서 비가 내릴 듯한 먹구름도 보였다. 마침내 독일의 뉘른베르크 터미널에 도착하여 인근에 호텔을 잡았다. 호텔은 예상 보다 깨끗했고 당장이라도 이불 속에 뛰어들어 쉬고 싶었지만 그럴 수가 없었다.

　우린 호텔에서 바로 나와 여기저기 돌아다니기 시작했다. 유명한 영화를 볼까? 아니면 시내에서 파는 과일들을 사먹어 볼까? 일단 그리기 전에 현금으로 돈을 바꾸어야 하는데, 여기는 독일이기 때문에 달러를 과일 가게에서 쓸 수 있는지 그렇지 않은지에 대하여 화신이와 실랑이를 벌이다가 일단 한번 해보기로 했다. 그런데 내 생각과는 달리 과일 가게에서는 미국 달러를 받지 않았다. 화신이의 1승 아휴('오늘은 먼저 기세가 꺾였으니 말을 잘 들어야겠군!') 하는 생각이 들었다.

과일 가게에서 맛있는 과일을 사서 더 깊은 골목길로 접어들었더니 광장이 나왔다. 여기가 바로 히틀러가 제2차 세계대전을 일으키기 전에 모든 군인들을 모아 놓고 연설하고 봉기를 시작했던 곳이란다. 그래서 무엇보다도 이곳 뉘른베르크는 역사적으로 대단히 의미 있는 곳이다. 이곳의 광장은 무척 넓었다. 이곳에선 매년 한여름 밤의 콘서트와 전통시장이 열리고 지금이 그때라 축제 분위기였다. 그 중에서도 여러 사람들이 유기농 비누에 관심을 보였다. 또 말을 타보는 체험행사도 진행하고 있었다. 우리도 지인들에게 선물하기 위해 열 개 정도의 유기농 비누를 샀다.

뉘른베르크 광장에서 열린 장터　　　　　　　장터에서 사진 찰칵

커플 교사의
신혼 배낭 여행기

우리는 관광객들이 모여 있는 예쁜 파라솔에 자리를 잡고, 독일식 정통 맥주와 뉘른베르크 소시지를 먹었다. 맥주를 즐겨 마시지는 않지만 이 곳에서 만큼은 먹어줘야 한다. 그때 마신 맥주 맛은 지금도 잊을 수가 없다. 독일식 맥주는 입안에서 더

뉘른베르크 메모리얼기념공원

톡 쏘는 맛이 있는 것 같다. 또한 한 번 먹으면 좀 더 먹고 싶어지는 중독성이 있는 것 같았다. 우리는 잠시 휴식시간을 가진 후 버스를 타고 근교를 돌아보기로 했다. 그런데 좀처럼 버스가 바로 오지 않아, 지도를 보고 직접 찾아다니기로 했다.

내가 1번으로 추천한 곳은 4D입체 영상관이다. 한껏 기대감에 부풀어 있었는데, 막상 가보니 한국과 다름없는 영화관인데 영화관이 우리나라와 달리 지하에 있었다. 별안간 여기서 2시간 이상 영화를 보고 있는 것이 너무 아까운 생각이 들었다. 특히 독일어를 알아듣지 못해 이해하지 못할 것이란 생각도 들어 4D 입체 영상관에 들리지 않기로 했다. 그 후 버스가 지나가는 것을 보고 일단 바로 나가 다음에 오는 버스를 타기로 했다. 이곳의 버스는 빨간색으로, 지체장애인을 위한 저상버스가 대부분이다. 버스를 타고 최종 목적지까지 가보기로 했다. 주변을 지나는 동안 차창 밖에는 넓은 호수와 예쁜 언덕이 보였다. 사람들이 호수에 나와 한가로이 행복한 시간을 보내고 있었다.

뉘른베르크 인근 호수

한참동안 창가를 보는 중에 버스는 종착점에 도착했다. 버스에서 나와 보니 큰 메모리얼기념공원이 있었는데, 들어가기 전까지는 어떤 곳인지 알 수 없었다. 안으로 들어가 보니 여러 나라의 국기가 걸려 있었고, 사진들을 전시해 놓고 있었는데 그 사진들은 흑백사진이었다.

여러 곳을 둘러보다가 눈에 띄는 사진이 있었는데, 그 사진 속 인물은 바로 히틀러였다. 많은 군인들을 모아 놓고 앞에서 연설을 하고 있는 듯한 사진이었다. 그리고 더 많은 사진들을 살펴보니 히틀러가 뉘른베르크에 로마의 원형경기장 정도의 경기장을 만들 때의 상황과 돌을 어떻게 옮기는지 그리고 석공들이 돌을 조각하는 모습이 전시되어 있었다. 나는 여기에 전시된 사진들을 보면서 그때 상황을 상상해 보았다. 이때 사람들의 생각은 어떠한 생각을 했을까? 나치즘에 매혹된 사람들은 어떠한 사고를 가지고 살았기에 이렇게 무시무시한 전쟁을 일으킬 수밖에 없었을까? 많은 생각들이 머리를 스쳐지나갔다. 심지어는 '너무한다'는 생각까지 들었다. 사람들을 그렇게 많이 죽이고 얻는 게 무엇일까?

어느 정도 돌아본 후 밖으로 나와서 다시 버스를 타다가 가까운 곳에서 다시 내렸다. 이곳은 거리가 아주 깨끗했고 자동차 강국이라서 그런지 차가 무척 많았다. 시내로 들어오니 야시장과 대부분의 부스가 철수를 하려는 것 같았다. 전통시장에서는 한창 전통 바자회가 열렸는데 여러 나라에서 온 전통음식점이 즐비하게 차려져 있었다. 우리는 전 세계 30개국이 모여 있는 이곳에서 여러 나라의 특색 있는 요리를 먹어 보고 싶었다. 약 30분을 돌아다녀도 먹고 싶은 것이 너무 많아 결코 음식을 고르기가 쉽지 않았다. 고민 끝에 이스라엘 요리와 이탈리아 남부요리를 선택했다. 이스라엘 요리는 오징어가 주 메뉴이고 거기에 토마토와 야채를 섞어서 불판에서 익힌 음식이었다. 그리고 이탈리아 남부요리는 피자와 비슷하면서도 향긋한 향신료가 있었는데, 그 향신료에 따라서 맛이 천차만별로 바뀌었다.

독일 아이스크림

뉘른베르크에서 먹는 아이스크림

우리는 맛있는 저녁을 먹고 다양한 사람들을 구경하면서 그동안 경험해 보지 못했던 야간 야외 영화 상영을 시청하기로 했다. 많은 사람들이 영화를 보기 위해 하나 둘 자리를 잡고 앉았다. 곧 뭔가가 시작되었는데, 영화가 아닌 무성 코미디극이었다. 내용은 이러하다 '한 할아버지가 삶이 힘들어서 자살을 선택을 하려다가 다른 사람들의 만류와 도움에 의해 가까스로 이겨냈다. 그리고 살아가는 동안

뉘른베르크에서 저녁을 먹기 전 ✿

겨울도 지나가고 오고가며 스쳐지나가는 사람들도 만나면서 겪는 많은 사건들을 코믹하게 풍자하여 나타낸 것'이다. 프랑스에서 먼저 상영했으며 아주 좋은 혹평을 받은 작품이라고 한다. 한국에선 느낄 수 없는 탈가치적인 관점에서 본 극이었다. 이런 무거운 소재를 코미디로 표현하다니 참 아이러니하다.

늦은 밤 다시 숙소로 돌아온 후 우리는 뉴스에서 어떠한 소식을 접했다. 노르웨이에서 극우단체의 한 사람이 섬에서 수류탄을 터트리고 기관총을 난사하여 많은 사람들이 죽었다는 것이다. 이 일이 있은 후 부모님을 비롯한 여기저기에서 전화가 왔다. 모두가 안부를 묻는 전화였다. 우리가 있는 곳과는 먼 거리이고 안전에 아무런 문제가 없다고 말씀드렸다. 뉘른베르크에서 온 지 며칠 되지 않아 내일이면 벌써 다시 프라하로 돌아가야 한다.

이렇게 독일에서의 마지막 밤이 흘렀다. 프라하로 간 후에 우리는 헝가리 부다페스트로 다시 가야 한다. 프라하에서 하루를 묵고 갈지, 아니면 직접 출발할지는 아직 모른다.

독일에서 다시 체코 프라하를 거쳐
부다페스트로

아침 일찍 짐을 꾸려서 체크아웃을 하고 터미널로 나왔다. 언제 올지 모르는 이곳을 다시 한 번 눈에 담고 싶다. 중세 독일 특유의 지붕과 벽의 분위기를 몸소 다시 느끼고 싶어 잠시 벽을 감싸 안았다. 버스를 타고 다시 프라하에 도착해서 기차 시간을 알아보니 오늘은 부다페스트가는 기차가 없어서, 내일 출발하기로 하고 다시 한 곳의 게스트 하우스를 잡아야 한다. 그런데 마땅한 숙소가 없어 한 시간 정도를 이곳저곳 돌아다녔다. 유럽에는 대중 화장실이 없기 때문에 돈을 내지 않고 화장실을 가기란 무척 힘들다.

드디어 숙소를 잡고 프라하에서 하루를 보낸 우리는 내일 아침 일찍 우리에겐 또 다른 미지의 땅 부다페스트로 간다. 부다페스트는 역이 두 개 였다. 서역에서 출발하여 7시간 정도가 지나면 헝가리에 도착한다. 체코는 나라 자체가 동서로 넓어, 우리가 가고자 하는 방향은 서쪽에서 동쪽 끝을 지나 헝가리 국경을 넘어야 한다. 기차는 체코의 수도인 프라하를 떠나 여러 지방도시를 지나고 슬로베니아와 세르비아를 지난 후에 드디어 저녁 6시 정도가 되어서야 야경이

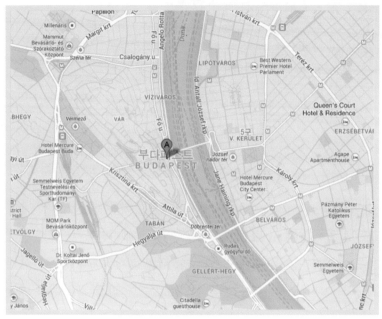

부다페스트 지도

아름다운 도시, 동유럽 예술의 도시, 부다페스트에 다다랐다.

오는 동안 기차 안에서 많은 풍경과 동유럽 특유의 관경을 지켜봤다. 너무 아름다운 관경이었다. 헝가리 부다페스트의 역사는 매우 깊다. 1000년 전 오스만투르크의 전쟁부터 독일의 제2차 세계대전까지 숱한 전쟁의 역사를 이겨내고 지금 여기까지 왔다. 수많은 연인들이 아름다운 부다페스트에서 밤 야경에 수를 놓은 듯한 다리를 배경으로 추억의 사진을 찍고, 하루가 멀다 하고 여러 나라에서 온 관광객들로 붐비어 도시 자체가 삶의 활력이 있고 북적북적한 도시를 연출한다.

우리는 밤에 여기저기를 돌아다니다가 이제 막 게스트하우스를 오픈한 집으로 갔다. 그 하우스에서는 우리가 체크인하는 시간까지도 페인트를 칠하는 사람들이 작업을 하고 있었다. 아직 페인트 공사나 리모델링 공사가 끝나지 않아 매니저는 우리에게 금액 대비 더 좋은 방을 내어 주었다. 그 방은 원룸에 소파와 TV까지 있었고 화장실도 그 안에 있었다.

우리는 그날 밤 부다페스트의 야경을 만끽하며 매우 아름다운 다리를 뒤로 하고 사진도 찍으며 마치 공주와 왕자가 된 것처럼 헝가리 왕국을 거닐었다. 또한 여기저기 버스를 타고 중세 유럽의 유적지와 아름다운 박물관을 다니며 마치 우리가 중세에 돌아간 것 같은 상상을 했다. 저녁은 맛있는 유럽식 스테이크를 먹기로 했다. 아름다운 카페와 음식점은 마치 우리가 영화 속 주인공이 된 듯한 느낌을 들게 했고, 도시의 아름다움을 한층 더 빛내주는 상점의 쇼윈도는 마치 우리를 위해 전시되어 있는 듯한 착각을 불러일으켰다.

그런 행복감을 안고 그날 밤 숙소로 돌아간 우리는 서로에게 위로가 되어 주고 하루에 있었던 이야기를 하며 내일을 계획했다. 그러는 동안 밖을 나가기 위해 열쇠로 문을 따다가, 그만 열쇠가 속에서 끊어지고 말았다. 열쇠는 속에 깊이 박혀 있어서 안간힘을 다해 열쇠를 빼 보려 해도 도저히 역부족이었다. 나는 너무 심각해졌다. 만약 위급한 일이 생기거나 불이라도 난다면 우리는 이곳에서 죽을지도 모른다는 생각과 급한 볼일이라도 볼라치면 이곳에서 꼼짝없이 볼일을 봐야 한다는 어처구니없는 일이 생길지 모른다는 생각에 심각해진 것이다.

하지만 정작 이를 지켜보고 있는 화신이는 그저 웃고만 있었다.

물에 비친 뉘른베르크 중세도시

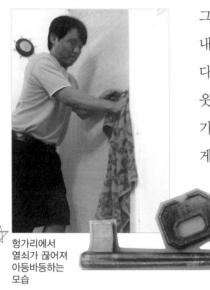

헝가리에서
열쇠가 끊어져
아등바등하는
모습

그러다가 이내 널브러져 웃었다. 내 인상이 너무 웃긴다는 것이었다. 화신이의 웃음에 나도 그만 웃고 말았다. 이 사람이 나를 믿기 때문에 웃는 건지 정말 심각하게 생각 되지가 않아 웃는 것인지 알 수 가 없었다. 일단 우리는 매니저에게 전화해 보기로 하고 전화를 하였으나 '전화가 되지 않는다'는 메시지만 받을 수밖에 없었다. 그래서 이리저리 확인해 본 결과, 헝가리에서 전화를 걸 때는 꼭 '+'버튼을 눌러야 한다는 것을 알았다. 매니저가 전화를 받지 않아 이런 저런 궁리 끝에, 옆에 있는 투숙객에게 집주인 전화를 번호를 알아내어 오너에게 전화를 하니 받았다. 정말 다행이었다. 우리는 한 시름 덜었다. 집 주인이 자고 있으면 매니저를 불러서 곧 문을 따주기로 하고 우리는 잠을 청하기로 했다. 드디어 한 시간쯤 지나 문을 따기 시작했고, 곧 문을 땄다. 기쁨에 안도의 한숨을 쉬었다. 우리는 그날 밤 문을 활짝 열어 놓고 잘 수밖에 없었다.

부다페스트에서 둘째 날이 밝았네!

　아침 일찍 일어나 식사를 마치고 헝가리 국립박물관과 여러 곳을 둘러보았다. 또 트램을 타고 이동하면서 그들의 문화를 직접 느껴 보기로 했다. 그들의 문화는 참 아름답고 독특 했다. 부다페스트에서는 유명한 음악가들이 많이 나왔다. 또한 이 도시를 소재로 한 영화도 많이 제작되었다. 그중에 한 편을 소개하고자 한다. 글루미 선데이라는 이 영화는 어느 커피샵에서 피아노를 연주해주는 피아니스트가 주인공으로 등장한다. 이 피아니스트는 직접 음악도 작곡한다. 음악을 작곡해서 커피샵에 있는 여러 사람들에게 들려주는데 많은 사람들이 이 음악을 듣기위해 원근각지에서 모여든다.

　어느날 저명한 신문사 사장이 이 커피샵에 들려 이 음악을 듣고 깊은 영감을 받아 신문에 이 피아니스트에 대한 것과 이 커피샵에 대한 내용을 실었고 이글은 사방으로 퍼져 이 커피샵은 더욱 유명해 졌다. 대부분의 사람들은 이 피아니스트의 생음악을 듣기위해 직접 이 곳을 찾는다. 그러던 어느날 대기업의 회장과 자녀들도 이 음악을 듣기위해 왔는데 이상한 일이 발생한다. 이 음악을 듣고 심취한

커플 교사의
신혼 배낭 여행기

부다페스트 다리에서

이들은 하나 둘 자살을 선택한다. 많은 뉴스나 신문의 한면은 자살 소식으로 채워지고 어제도 오늘도 4명 이상의 사람들은 자살을 했다 한다. 이 소식을 들은 피아니스트 마져 자신도 죄책감에 자살을 선택하지만 실패한 후 시간이 지나 그 커피샵에서 함께 일하는 여종업원과 사랑에 빠지지만 어느날, 그 피아니스트가 없는 사이 독일군인 들이 그 커피샵에 들이 닦쳐 그 여인을 데려간다. 그 여인과 피아니스트는 결국 함께 하지 못하고 피아니스트는 죽고 만다. 이제 세월이 많이 지나 할머니가 된 그 여인은 그 피아니스트의 사이에서 난 자녀들이 그 아버지의 생일을 축하해주는 자리에서 잠시 회상에 잠겼던 것이다. 이 영화는 모든 이에게 진한 감동을 줬다. 그날 밤에 우리는 숙소에서 이 영화를 직접보며 바로 이곳을 배경으로 한 영화라는게 놀라웠다.

부다페스트

아드리아해의 아름다운 바다로

우리는 내일 드디어 크로아티아의 해양
관광도시 오파티자로 간다. 넓은 아드리
아해가 펼쳐지고 바다를 넘어가면 이탈리
아 동부와 맞닿고 있는 곳. 이곳에서 우리
는 3박 4일을 보내며 휴양 리조트 개념으로
보낼 예정이다. 오파티자까지 가는 기차 안에
서 우리는 크로아티아의 한 젊은 이를 만났는
데, 이 사람은 '리에카'라는 도시로 세계 음악축

오파티자로 가는 기차에서

제를 구경하기 위해 간다고 했다. 그 사람은 과거 일본인과 친하게
지낸 적이 있었는데 그때부터 동양인을 좋아한다고 하며, 먹고 있던
콜라까지 건네줄 만큼 아주 친절했다. 그는 자기가 가야 할 길을 놔
두고 우리에게 길을 안내해 준다며 버스도 함께 탔다.

한참동안 가던 중 깎아지르는 듯한 절벽 위에서 한 길로 지나가는
기찻길이 나왔는데, 누가 보더라도 가슴 떨리기 그지없을 만큼 무
서웠다. 우리가 탄 기차는 헝가리 부다페스트를 지나 한참 달려 자

오파티자 항구의 레스토랑에서

아름다운 오파티자 항구

그레브 외곽에 도착했다. 이곳에서 약 30분간 정차한다고 한다. 우리는 한적한 시골인 이 역의 주변을 돌아보기로 했다. 역에서 조금 못 가니 이 동네 아이들이 유색인종인 우리들을 재미있게 보며 모여들기 시작했고, 그 옆 마을에서 과일을 따고 있는 할머니께서 우리에게 한 봉지의 과일을 주시면서 다정한 어투로 말을 건넸다. 우리는 무슨 말인지 알아듣지는 못했지만, 마치 "웰 컴 투 크로아티아"라는 말로 우리를 반기는 것만 같았다. 고마운 마음에 기념사진을 찍고, 우리가 가지고 간 기념이 될 만한 한국의 머리핀을 선물로 주고 왔다. 또한 아이들에게 태극기의 로고가 붙어 있는 스티커를 선물했다. 기약 없는 인사를 하며 언제일지 모르지만 다시 만나기로 하고 우리는 출발했다.

기차는 종착역을 향하여 잘 가고 있었다. 밖을 내다보니 한국에서는 볼 수 없는 광경이 펼쳐졌다. 산 속에서 가장 높은 곳을 향해 달리고 있었다. 잠시라도 기차가 한눈을 팔면 저 낭떠러지 밑으로 추락할 것 같은 느낌에 빠져들었다. 해발 1500m 정도 되는 것 같다. 이 정도 높이면 우리나라 산 중 지리산 정상에 버금간다. 지리산 정상에 철로가 놓여 있어 기차가 다닌다고 생각하니, 가히 믿기지가 않았다. 어느새 날씨가 어두워졌고, 우리는 생전 가보지 못한 도시에 도착했다. 처음이어서 그런지 음산하기까지 했다.

　우리는 기차 안에서 만난 크로아티아 청년이 알려준 버스를 타고 리에카를 거쳐 오파티자까지 갔다. 버스정류장에서 내려서 다시 택시를 타고 가야 했는데, 택시가 우리나라 현대자동차에서 만들어진 것이라 반가운 느낌이 들었고, 비용도 한국과 비슷하여 그리 부담스럽지는 않았다. 물가가 한국과 비슷했다. 호텔에 도착하니 여기가 어디인지 모를 정도로 깜깜한 밤이었고 시계바늘은 벌써 밤 11시를 가리키고 있었다. 오늘은 여기저기 돌아다녀 보지도 못하고 그냥 잠에 들었다.

철길

크로아티아로 가는 길

꿈에 그리던 오파티자

아침에 눈을 떠보니 10시 반 정도 되었다. 원래는 좀 늦게 바다에 나가려고 했으나 호텔에서 무작정 시간이 가는 것만 지켜보는 것이 아까워서 인근의 상점이나 해안가를 둘러보기로 했다. 가는 길에 상점에서 물안경과 스노클링을 샀다. 우리는 설레는 마음에, 어서 가서 물속에 뛰어 들고 싶은 마음으로 한참 기대에 부풀었다. 해안가는 너무나도 아름다운 나머지 금방이라도 물속으로 뛰어들고 싶었다. 드디어 내 생애에 에메랄드 빛 바다를 이 눈으로 직접 보는 날이 왔다.

이 얼마나 꿈같은 시간인가! 게다가 물속에서 수영까지 할 수 있는 특혜를 가진 것이다. 정말 '세상은 오래 살고 볼일이다'라는 말이 새삼 머리에 스치듯 지나갔다. 물가는 너무 투명하여 물고기가 노는 것까지 다 보일 정도였는데, 어떤 물고기는 자기가 어디에 숨었는지 모르는 것 같은 자세로 바위틈에 붙어 있었지만 물이 너무 투명한 나머지 그 물고기가 뭘 하는지 다 보였다. 한편으로는 '우리나라 서해는 왜 이처럼 깨끗하지 못할까?' 하며 의문을 품어 보았다.

커플 교사의
신혼 배낭 여행기

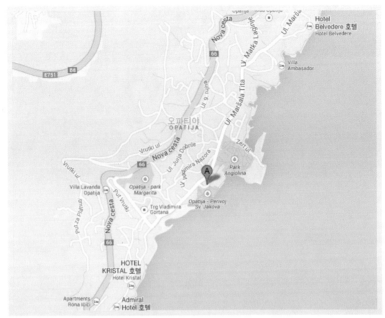

오파티자 지도

그리고 저 바다를 건너가면 이탈리아아라니 상상하면 할수록 재미가 있다.

시간 가는 줄도 모르고 우리는 바다에서 나올 생각을 하지 않고 있었다. 언젠가는 되돌아가야 한다는 안타까운 생각이 자꾸 들지만, 지금 이 순간이라도 그 생각만큼은 하고 싶지 않았다. 바다에서 놀다가 그만 화신이가 물속에 빠지고 말았다. 가까스로 구해줬지만 너무 깜짝 놀랐다. 이렇게 좋은 날에 웬 봉변을 만난 걸까? 그런데 우리가 빠진 곳은 2m가 채 되지 않는 비교적 얕은 깊이의 바다였다. 주변에 보는 사람들이 걱정하는 얼굴 대신 한참 깔깔 대며 웃고 있었다. 우리는 두려운 마음에 다시 나와 근처 따뜻한 실내 수영장

아드리아해의 맑은 바다

오파티자의 아침식사

에서 몸을 좀 녹이고 연습을 하고는 다시 들어가기로 했다.

어느덧 점심이 되어 바다가 내려다보이는 좋은 식탁에서 아주 맛있는 음식을 먹으면서 여유를 즐기고 있었다. 반찬으로는 아드리아해 음식으로만 차려져 있었다. 내가 제일 좋아하는 새우와 크랩 그리고 프랑크햄 및 각종 과일 샐러드, 주스 등 이루 말할 수 없을 정노로 풍족했다. 그날 저녁 우리가 묵는 호텔에서 500m 떨어진 곳에서 러시아 전통극단이 와서 공연을 한다고 하여 공연을 보기로 했다. 나는 공연을 보게 된다는 기쁜 마음에 순간 "와!" 하며 즐거운 함성을 내질렀다.

공연이 몇 시간을 하는지도 모른 채 표를 사기 위해 줄을 섰다. 다들 휴가를 즐기러 온 여러 국가 사람들로 가족 단위, 연인들, 아이들까지 북적댔다. 드디어 공연이 시작되었다. 생전 보지 못한 러시아 민속 공연이라니…… 그 이름에 호기심이 더해져서 더욱 집중

하게 됐다. 정말 화려한 무대복에, 무대 매너까지 어느 하나 흠 잡을 데기 없을 정두였다. 진주하는 사이에 벌써 한 시간이 훌쩍 지나갔다. 우리는 공연이 끝난 줄 알고 아쉬워하며 주변의 러시아 전통인형이나 목각인형을 보며 숙소로 돌아오는 길이었다. 그런데 한 800m쯤 걸어서 호텔로 오는 중에 다시 공연이 시작되는 소리가 귓전에 들리는 것이었다.

끝난 줄 알고 오던 우리는 서로를 마주보며 "뭐지?" 하면서 헛웃음만 치고 말았다. 비싼 돈을 주고 산 티켓을 보면서 너무 아쉬워 돌아갈까도 생각해 봤지만 어느새 15분 이상 걷다 보니 돌아가는 그 길이 멀어져 보였다. 막상 되돌아가면 곧 끝날 것 같은 기분이 들었다. 아쉬움을 뒤로 하고 호텔로 돌아오는 길에 포켓볼장을 발견했다. 우리는 아쉬운 마음을 달래보고자 포켓볼과 두더지 게임을 하며 마음을 달랬다.

오늘로써 한국을 떠나온 지 19일 째 되는 날이다. 여기 크로아티아의 날씨는 굉장히 좋아져서 서유럽의 관광객들도 이쪽으로 여행을 온다고 한다. 크로아티아는 이틀이 지났어도 더 있고 싶어지는 곳이다. 사실 지금까지 지나온 모든 곳이 그랬다. 그렇지만 다시 올 날을 기약하고 우리는 다음 기착지인 오스트리아 비엔나로 떠나야 했다.

체코에 체스키가 있다면
오스트리아엔 할슈타트가 있다!

마지막 기착지 오스트리아 빈에서 3일을 보내고 오스트리아에서 빼놓을 수 없는 곳이 또 하나 있는데 바로 할슈타트라 불리는 마을이다. 오늘 우리는 이 마을을 갈 것이다. 이 마을은 아주 오래된 도시다 역사적으로는 고대 철기시대부터 마을이 형성되어 있었고 그 이후 소금광산이 발견되어 소금으로 도시가 훨씬 더 발전했다. 할이라는 말이 고대 켈트어의 소금이라는 뜻이라 한다. 현대에 와서는 1997년에 유네스코에 마을이 등재되면서 본격적으로 관광지로 각광을 받기 시작했다. 이곳은 유명한 영화 중에 하나인 사운드 오브 뮤직의 배경이 된 곳이기도 하며 세상에서 가장 아름다운 호수인 할슈타트를 끼고 뒤에는 알프스산맥이 딱 버티고 있어 그 누구도 이 자연 앞에 감탄하지 않을 수가 없다. 우리는 비엔나에서 아침 일찍 나서 할슈타트까지 지하철과 기차를 이용해서 가기로 했다. 어느 정도 기차를 타고 가다가 우리들은 임대버스로 갈아탔다. 도중에 기찻길이 공사 중이라 버스를 타고 이동했다. 어느덧 마을 분위기가 확 달라졌다. 정말 지상낙원에 들어선 기분이다. 버스는 우리

를 최종 목적지에 내려주고 가버렸다. 거기서 다시 배를 타고 할슈
타드 마을까지 들어간다.

　배를 타는 순간 물에 비친 우리의 모습이 너무 아름다웠고 모든
배경을 마치 복사해 놓은 것 같았다. 20분 정도 지나 배가 목적지에
정박했다. 내리자마자 탄성이 안 나올 수가 없었고 우리의 관계는
더욱 사랑스러워져 서로를 꼭 껴안았다. 이런 곳에서 사랑스러운
마음이 들지 않는 것은 이해가 안 되고 다툰다는 것은 상상조차 할
수 없다.

　또한, 이곳은 배낭여행객들이 최고로 손꼽는 호수로 이름난 만
큼 배낭여행객들에게 아주 아름다운 장소이다. 우리는 손을 꼭 잡
고 마을을 향해 한 발자국 한 발자국이 아름다운 땅을 밟고 지나갔
다. 이 풍경을 우리만 보고 마음에 담아 두기가 아까워 계속 카메라

할슈타트 가는 기차안에서 바라본 풍경

셔터를 누르고 또 눌렀다. 항구에서 어느 정도 걸어 들어가니 작은 광장이 나오는데 그 중앙엔 탑이 하나 있었고 그 주변으로는 집들이 뱅 둘러 있었다. 약간의 가랑비가 내리어서 마트 같은 곳에서 우산을 샀는데 이 우산이 아주 특별한 소품이 될지 누가 알았나! 사진 속에 우산을 들고 있는 모습은 마치 의도적인 것처럼 주위 배경에 아주 잘 어울린다. 구름과 바람과 물이 하나가 된 도시 인공물과 자연물이 이처럼 조화를 이루는 곳이 지구상에 또 있을까! 할 정도이다. 맑고 투명한 호수 하며 아름다운 나무들 지면까지 내려 온 구름들 이런 곳에 선녀가 살지 않고 어디 살겠어! 하는 생각이 머리에 스쳐갔다. 올라가면 갈수록 여러 길로 마을길이 갈라진다. 지금도 이곳에는 사람이 살고 있다 한다.

이곳에 사는 사람들은 얼마나 행복할까! 이 아름다운 곳에서 산다는 자체만으로도 뭘 더 가질 필요 있겠는가! 하는 생각에 어느새 나도 부자가 된 느낌이다. 이처럼 자연은 우리의 마음을 풍요롭게 만들어주는 것 같다. 마을 꼭 대기에는 교회가 있었는데 교회 정원에는 이곳에 부임하여 오셔서 돌아가신 목사님들의 무덤이 바로 정원에 함께 있었다. 그런데 우리나라 무덤과는 달리 이곳의 무덤은 납작했다. 밤이 되면 무섭지 않을까? 하는 생각도 해봤지만 이 아름다운 곳에서는 그럴 수 없겠다는 생각이 들었다.

이곳저곳 둘러보고 마을을 내려가다가 돌아가는 배 시간을 알아보니 2시간 정도가 남아 피자집에서 피자를 먹기로 했다. 주문을 하고 주위를 돌아보니 저쪽 편에 동양인이 한 사람이 있는데 한국인처럼 보였다. 그런데 혼자 여행을 왔는지 이 맛있는 피자를 혼자 먹고 있었다. 이 아름다운 곳에서 이 맛있는 음식을 혼자 먹는 게 안타까워 보였다. 우리는 피자집에서 시간을 보낸 후 다시 빈으로 되돌아가야한다. 언제나 떠올리는 생각이지만 이곳에 언제 다시 올 수 있을까! 하며 배에 올랐다. 왔던 길로 돌아가는 길은 빠르게 느껴졌다. 우리의 바람은 이곳이 인간의 난개발에 의해 파괴되지 않고 지금 이대로의 모습을 영원히 간직했으면 하는 바람이고 다시 여기 올 날을 기약하며 두 손을 꼭 잡고 서로 마음을 확인했다.

마지막 여행지,
소시지로 유명한 비엔나

오스트리아 비엔나. 말
로만 듣던 비엔나, 줄여서
빈이라고 하는 곳인데 그곳
을 간다는 설렘에 여기 크
로아티아를 떠난다는 서운
한 마음이 약간은 희석 되
었다. 가는 길에 적극적으
로 우리에게 친절을 베풀었
던 크로아티아 청년에게 미
안한 마음이 들었다. 과도
한 친절에 그 사람이 혹시
나쁜 사람은 아닐까 조금은
의심했기 때문이다. 그래

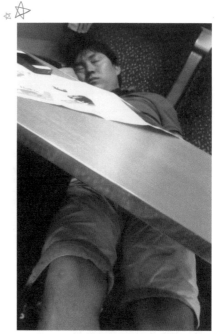

가는 길의 기차 안에서

서인지 버스 안에서 헤어질 때 인사도 제대로 나누지 못했다. 우리
가 너무 인심이 야박한 곳에서 살다와 그럴 수도 있다고 생각했다.

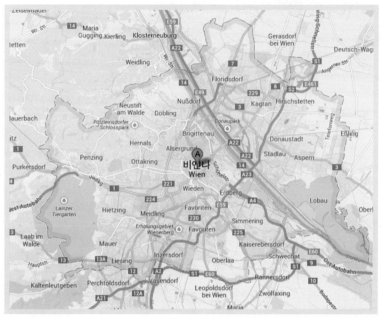

비엔나까지는 4시간 정도 걸린다. 가는 열차 안은 매우 깨끗했고, 만화 캐릭터 같은 그림이 열차 벽면에 많이 그려져 있어 우리에게는 마치 놀이동산의 청룡열차 같은 기분마저 들게 했다.

드디어 비엔나에 도착하였다. 일반적인 경우 출발 전에 먼저 숙소를 알아보는데, 떠나기 몇 분 전까지 우리가 묵을 숙소가 남아 있지 않았다. 그래서 먼저 출발한 후에 도착하면 숙소를 잡기로 했다. 기차역에서 내려 여기저기 숙소를 알아보러 다니는 동안 갑자기 소변이 너무 급해졌다. 상가마다 화장실을 물어 봤는데, 가르쳐준 곳마다 화장실이 모두 멀리 있었다. 그런 나의 다급함을 아는지 모르는지 화신이는 여기저기 호텔을 다니며 어디에 묵는 게 좋을지 발품을 팔고 있었다.

　나는 점점 초조하고 불편해졌다. 소변은 참느라고 죽을 지경인데다가 크로아티아 해변에서 한참 놀 때는 몰랐는데 시간이 지나면서 등 주변에 땀띠가 생기고 볕에 타는 바람에 가방을 메게 되면 너무나 아팠다. 신혼여행 처음으로 큰소리를 내며 다투게 되었다. 화신이는 그런 줄 모르고 좀 더 경제적으로 적절하고 괜찮은 숙소를 찾아보려 했다는 것이다. 자세한 사항을 듣고 미안한 마음이 들었는지 일단 주변의 게스트 하우스를 잡았다. 그런데 그 게스트 하우스는 이틀이면 또 다른 곳으로 옮겨야 한다. 3일부터는 다른 사람이 이미 예약을 해 놓았기 때문이다. 어찌되었든 이틀이라는 시간이라도 마음 놓고 지낼 수 있어서 참 다행이라는 생각이 들었다.

　먼저 오스트리아에는 거대 광역 지하철망이 있었다. 어디서부터 다녀야 할지 모르겠지만 일단 나가보자는 마음에 밖으로 나왔다. 비엔나는 도시가 커서 박물관도 크고 볼 것도 많았다. 우리는 지하철을 기다리는 시간에 차이니스 푸드인 누들박스에서 누들을 먹었는데, '이렇게 매콤하고 맛있는 음식을 왜 여태 몰랐을까?' 하는 생각이 들었다.

　우리는 비엔나에서 가장 유명한 국립 비엔나 미술관을 향해 떠났다. 미술관은 너무 크고 웅장했다. 마치 아주 큰 궁전 같았다. 그 미술관 안에는 고대 그리스 신화의 주인공들과 토르소 등 잘 알지 못하는 많은 그림들과 조각들이 전시되어 있었다. 가장 눈에 띤 것은 성경에 나오는 아담과 이브가 선악과를 따먹고 하나님께 버림을 받은 그림이었는데, 그때 선악과를 따 먹게 한 뱀은 다리가 달린 도마

뱀과 비슷한 생김새의 뱀이었다. 순간 깜짝 놀랐다. 성경에는 아담
과 이브가 선악과를 따 먹게 한 죄로 뱀에게 종일토록 배로 기어 다
닌다는 저주를 내렸다고 되어 있는데, 저주를 받기전에 뱀이 도마뱀
처럼 다리가 있었다는 게 정말 신기했다. 그밖에도 여러 유명한 미
술가의 작품이 걸려 있었지만, 너무 피곤한 나머지 나도 모르게 소
파에서 스르르 잠에 들었다. 나에게 미술관은 너무 편안한 공간인가
보다. 미술관에서 나와 박물관으로 가는 길. 많은 관광객들을 보며
같은 처지에 있는 저 사람들도 어디서 왔는지는 모르지만, 마음껏
누리는 자유에 동질감이 느껴졌다.

　이제 두 번째 숙소를 옮겨야 할 때가 왔다. 이 숙소는 우리 여행
의 마지막 숙소이자 오스트리아의 비엔나에서의 마지막 숙소이다.
이번에 잡은 숙소는 YMCA 여행자 하우스인데, 굉장히 좋았다. 음
식도 천연색색 잘 나오고, 뜨거운 물도 잘 나오고, 침실도 깨끗하
고…… 뭐 하나 나무랄 데가 없었다. 두 번째 숙소에서 즐겁고 편안
한 나날을 보낸 이후 우리는 다음 숙소로 이동했다. 산으로 넘어가
는 길에 넓은 궁전 같은 것이 나왔는데, 그곳이 바로 우리가 마지막
으로 있을 숙소였다. 정원과 주변의 환경이 매우 훌륭했다. 단점이
라면 도시가 조금 멀다는 점이지만, 이 정도는 다닐 만했다. 큰 나
무와 숲에 매료되어 마치 영화 〈사운드 오브 뮤직〉의 배경이 되는
곳에 온 것만 같았다. 비엔나의 밤은 길거리 음악회부터 가지각색
의 축제가 열리고 있었다. 많은 이야기들을 글로 쓸려니 한계를 느
낀다.

　이제 떠나기 싫어도 떠나야 한다. 그동안 정들었던 유럽에서의

시간은 이제 몇 시간 남지 않았
다. 처음 도착한 체코의 프라
하에서부터 체스키 크루믈루
프, 헝가리의 부다페스트,
독일의 뉘른베르크, 크로아
티아의 오파티자에서 오스
트리아의 비엔나에서 할
슈타트까지 각각의 도
시에서 겪은 모든 일들
이 주마등처럼 스쳐지

비엔나박물관에서 졸고 있는 모습

나갔다. '그냥 마주치고 지나치며 그 시간 동
안 우리와 같은 공간에 함께 있던 사람이 대략 10만 명은 될까?' 하
는 쓸데없는 생각까지 든다. 이제 공항까지 직통으로 가는 지하철
을 타면 우리는 탑승을 하고 한국으로 되돌아가게 된다. 한국은 지
금 어떨까? 매스컴에는 비가 많이 와서 서울 강남이 물바다가 되었
다는 소문부터 양재동에 있는 산 하나가 무너져 많은 사람이 묻혔다
는 이야기, 인천 인하대 학생 MT 중 팬션이 무너져 다 죽었다는 이
야기들로 떠들썩하다. 아! 이제 한국으로 돌아가려니 한국 소식만
귓전에 들리게 되는구나!

　드디어 모스크바를 거쳐 한국으로 가는 비행기에 오를 시간이 됐
다. 정든 유럽아, 잘 있어. 우리가 다시 올게! 그리운 하루하루, 정
말 행복했어. 특히 사랑스러운 그녀와 함께 있었기 때문에 내겐 더
행복했고, '혼자 이런 여행을 왔으면 어땠을까? 아마 재미없었겠

목이 없어 누군지 모르는 예술품을 뒤로하고……

커플 교사의
신혼 배낭 여행기

지?' 하는 생각도 잠시 해보았다. 이제 한국에 돌아가면 여기저기 다니면서 인사를 해야겠지! 그리고 아직 준비가 끝나지 않은 신혼집의 공사를 더 진행해야 하겠고! 리모델링을 마친 집이 어떻게 변했을지 궁금하기도 하고, 많은 것들을 챙겨야 한다는 자체가 이제 나를 짓누르지만 내가 마땅히 해야 할 일이기에 그 일들이 이번 여행처럼 재미있을 것 같다.

2장
유럽의 추억들

글을 다 쓰고서 말로 글로 우리가 본 것을 다 표현 못 하는 것이 얼마나 안타
까웠던지 그래서 2장은 여행하면서 찍은 사진들을 모아 놓았다. 한순간 옆에
앉아 설명을 들려주면 좋겠지만 읽는 독자가 상상하며 보면 오히려 더 좋은
시간이 될 수 있을 것이다.

프라하
PRAHA

커플 교사의
신혼 배낭 여행기

아무도 없을때 키스 한번♥

프라하 전경을 뒤로하고 찰칵!!

아마 왕들이 이런 곳에서 살았겠지!

에곤쉴레의 눈빛에서 뭔가가 느껴진다.

우리나라 조롱박과 닮은 이 과일의 정체는?

유럽 특유의 레스토랑은
내게 많은 감흥을 일으켜 준다.

왜!! 많은 동물중에 이런 동물(쥐?)를 여기에……

구름많은 날 프라하를 가로지르는 강에서

체스키
CESKY

여기는 체스키 크르믈르프

커플 교사의
신혼 배낭 여행기

진한 꽃 향기는 나를 깨운다.

베개 싸움 한판 합시다. ㅋㅋ

커플 교사의
신혼 배낭 여행기

에곤쉴레 전시회에 왔습니다. 그가 이곳에서 많은 작품을 남겼다는데……

펜션에서의 아침식사

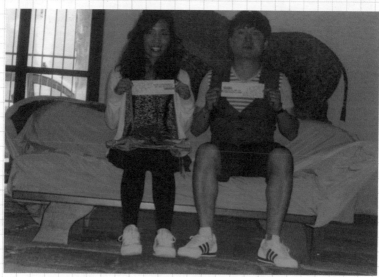

에곤쉴레의 휴식처인 이곳에서 기념으로 찰칵!

커플 교사의
신혼 배낭 여행기

마치 소름 돋기도 하지만 멋진 곳

왕자와 공주처럼

커플 교사의
신혼 배낭 여행기

유럽의 한 뒷골목에서

체스키 마을 군주가
머물렀던 성에서

커플 교사의
신혼 배낭 여행기

여기 레스토랑이 옛날 마구간이었다는데……
마구간의 모습 그대로인 레스토랑에서 먹는
스테이크 맛이란!

때론 의자도 우리에겐 소중한 소품ㅎ

적막한 이 마을을 혼자 걸어보는 것도 추억

사람이 많은 거리에서 사진을 찍는 것은 가장 짜릿해^^

멈춰버린 분수대 앞에, 언제가는 솟구쳐 오르겠지!

이곳에서는 이런 포즈도 전혀 빈티나지 않는다

창마다 아름다운 꽃으로 벽의 색깔과 어찌나 조화를 이루던지

이 그림은
나를 깊히
생각하게 한다.

파란하늘 프라하성에 올라 잠시 쉬는 이 기분 아! 좋다.

나 어때요.ㅎ

커플 교사의
신혼 배낭 여행기

프라하
PRAHA

사랑의 키스~♥

유럽의 공주와 왕자가 된 기분

커플 교사의
신혼 배낭 여행기

우리가 이 집의 주인이에요.ㅋㅋ

프라하의 아름다운 저녁노을~ 너무 아름답다. ㅎ

커플 교사의
신혼 배낭 여행기

마치!! 한 폭의 수채화 같은 사진 속에 공주가 살 것 같다.

누가 보면 어때! ㅋ

커플 교사의
신혼 배낭 여행기

한가로이 앉아서 사진 한 컷!

그 당시 이런 첨탑을
어떻게 만들었을지 놀라워~ㅎ

잠시 쉽시다.ㅎ

잠시 쉽시다.ㅎ

키스 싫어하는 사람 없겠지!

커플 교사의
신혼 배낭 여행기

뉘른베르크
NUREMBERG

유유히 흐르는
강가에서 노니는
오리들을 보며

누구를 한 없이 기다리는 중ㅎ

유럽의 길거리는 참으로 아기자기하다.
기회가 된다면 다시 걷고 싶다.

500년 전 지어진 다리 그대로 수많은 사람이
얼마나 많이 이곳을 지나쳤을까!

왠지 한없이 멋있어 보이는 것 왜 이런 걸까?

중세시대의 한 적한 곳에서

화분을 저렇게 예쁘게 꾸미다니ㅎ

둘만 신이나서ㅎ

너무 대조적인 동상과 우리들의 모습

커플 교사의
신혼 배낭 여행기

이곳의 과일들은 한국과 뭐가 다를까?

너무 맛있어 보이는 지중해 요리 ㅎ

뉘른베르크로 향하는 버스

프라하
PRAHA

1주일이 지나니 초췌 해져버리는 우리♥

소세지 맛있다.^^

멀리 보이는 국회의사당과 등 빛은 우리를 황홀하게 해주었다.

우리 친구 사귀었다. ㅋ

커플 교사의
신혼 배낭 여행기

이 해맑음은 어디서 나오는지!

너무 걸어서 닳아버린 신발들

너무 예쁜
그릇집에서
일하는 듯하게……

과자봉지 속에~

우리들의 비웃은 너무 낭만적이다.

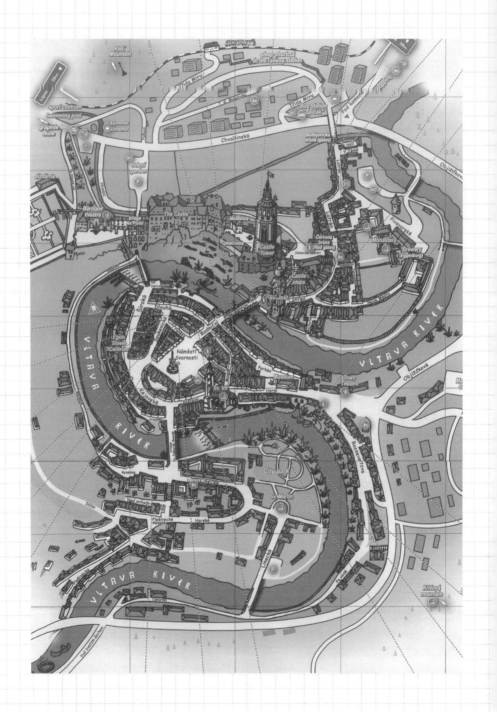

커플 교사의
신혼 배낭 여행기

마치 저 꼭대기에
갇혀있는 공주가 있을 듯한 착각! ㅋ

부다페스트
BUDAPEST

부다페스트 역시 예술의 도시 답다. 여기 주민이 되고 싶다.

키스를 안 할 수가 없구나!

부다페스트 전경

과거 전쟁터였던 이 광장에 지금은
수많은 사람이 아름다운 추억을 만든다.

이래도 되나! 너무 외로워 보이는데 옆 사람 TT

드디어 도착이다.
아름다운 도시
부다페스트

부러울 만하게 껴안고 있는 한 연인

커플 교사의
신혼 배낭 여행기

멀리보이는 부다페스트 성

커플 교사의
신혼 배낭 여행기

이 기둥 집에 가져갈꺼야ㅎ

우리가 여장을 푼 호텔 앞에서

커플 교사의
신혼 배낭 여행기

국립 미술관 앞에서

아름다운 도나우강을 끼고 지금까지 사람들의 영원한 추억이 되는 곳

커플 교사의
신혼 배낭 여행기

부다페스트 다리에서의 추억은 영원히 잊을 수 없다.♥♥♥

작은 오토바이도 너무 운치가 있다.

커플 교사의
신혼 배낭 여행기

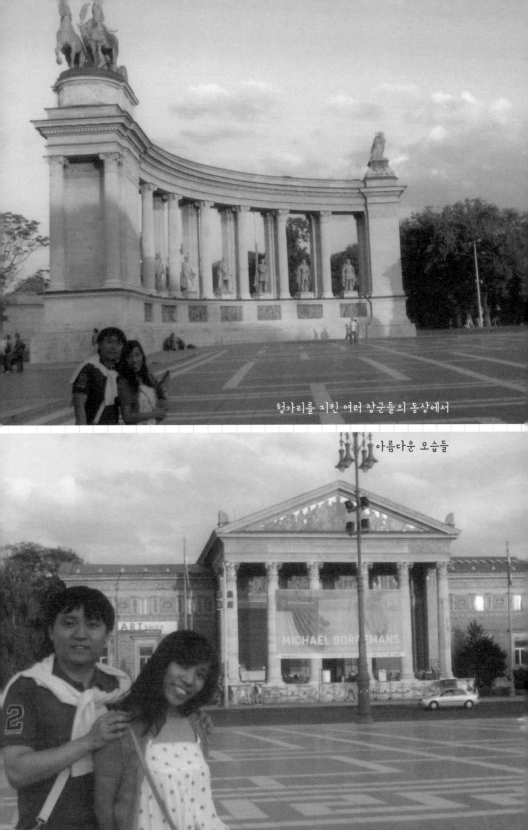

헝가리를 지킨 여러 장군들의 동상에서

아름다운 모습들

너무 맛있는 헝가리 전통음식 굴라쉬! ㅋㅋ

자그레브에서 만난 너무 정다운 할머니

커플 교사의
신혼 배낭 여행기

야시장에서 전시된 너무 예쁜 자연 비누들

지나간 시간들이 아쉽다.

오파티자
OPATIJA

체코의 휴양도시 오파티자

뒷 모습이 너무 아름답게 느껴진다.

체코 음식인데 이름이 생각이 안나네~ 지금도 너무 먹고 싶다.

맛깔스런 소스에 해물요리까지ㅎ

오파티자를 가는 중에 잠시 내린 자그레브에서 만난 할머니~ 오래오래 사세요

커플 교사의
신혼 배낭 여행기

아드리아해의 휴양 도시 오파티차에서

정박해 있는 요트들

나만을 위한 배 아무도 탈 수 없음

한 발자국만 더 내 디디면 죽는다.

아드리아 해의 햇살 기운이 지금도 느껴진다.

커플 교사의
신혼 배낭 여행기

몽환적 포즈

시간이 멈춰 버렸으면 좋겠다.

커플 교사의
신혼 배낭 여행기

비엔나로 향하는 역앞에서 떠나기 싫어 TT 전봇대라도 잡고싶다.

맑고 투명한 바다에
한가로이 떠도는 배 한 척에 몸을 싣고

비엔나
VIENNA

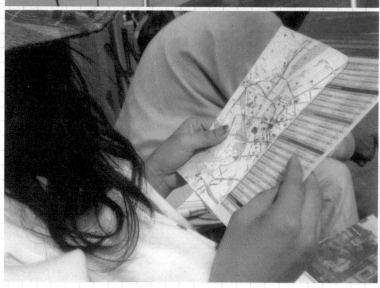

커플 교사의
신혼 배낭 여행기

중세 성당에서 결혼식을 다시 한번ㅎ

이 예술품들은 나에게 너무 깊은 생각을 같게 해준다.

없어져 버린 저 목은 어디에

트램앞에서~ 어디를 갈까!

다시 걷고 싶은 저 거리

아침 일찍 요구르트에 시리얼로 배를 채우고

커플 교사의
신혼 배낭 여행기

첨탑이 몇 개일까? 건물 색깔 속에 시간의 흐름이 고스란히 묻어있네

할슈타트
HALLSTATT

구름과 물과 바람의 도시

마치 미지에 세계같은 할슈타트

구름 속에서 내려온 천사처럼

할슈타트의 광장에서 이날 부스스 비가 왔다.

동화 같은 마을

커플 교사의
신혼 배낭 여행기

분위기에 심취에 버린 우리

할슈타트 교회에서

너무 아름다워 당장에라도
뛰어내리고 싶은 충동

산도 구름도 호수도 모두 하나가 되어버린 모습

그냥 뛰어 놀고 싶은 저곳

우리집이고 싶다.

한가로이 거닐며 풀을 먹는 양이 되고 싶다.

커플 교사의
신혼 배낭 여행기

창밖의 빗물이 고이고

커플 교사의
신혼 배낭 여행기

커플 교사의
신혼 배낭 여행기

비엔나
VIENNA

벤토벤의 도시 비엔나

커플 교사의
신혼 배낭 여행기

커플 교사의
신혼 배낭 여행기

누구를 기다리는 걸까?

커플 교사의
신혼 배낭 여행기

커플 교사의
신혼 배낭 여행기

에필로그

이제야 글을 다 쓴 것 같군! 이 책을 완성하고 나니, 몇 번이고 정성스럽게 퇴고 했던 기억, 또 그때 사진들을 하나둘 들춰가며 그곳의 기억을 끝까지 간직하기 위해 노력했던 마음이 새록새록 떠오른다.

이 글을 읽고 있는 미래를 준비하는 청소년이나 취업준비생들 중 단 한 명이라도 꿈을 위해 달려가는 이들이 있다면, 그리고 신혼여행을 준비하는 커플들 중 단 한 커플이라도 우리처럼 배낭여행을 꿈꾸게 된다면, 그것만으로도 내가 이 책을 낸 동기는 충분하다고 생각한다.

나 또한 태어날 때부터 어떤 목표를 가지고 태어난 게 아니어서 28살에야 비로소 내가 하고 싶은 일을 찾았고, 그 길을 위해 다시 대학을 들어가야 했다. 하지만 그렇게 마음먹었다고 하더라도 현실의 벽이 너무 높아 실행에 옮기기에는 쉽지 않은 결단이 따랐고, 또 그 시간을 참으며 기다리기에도 쉽지 않은 과정이었다.

미래가 어떻게 될지 모르는 불확실한 상황을 가지고 단지 내가

'하고자' 했기에 그 길로 뛰어든 것이다. 그 시간은 그리 편하지는 않았지만 100m 경주를 하는 선수처럼 평소의 시간보다 열의 있게 달려갈 수 있었다. 물론 보통의 의지로 되지 않는다는 것을 누구보다도 잘 안다. 그래서 더욱 더 자기가 원하는 직장, 결혼, 거처할 곳 구하기, 누구나 꿈꾸는 사랑하는 사람과 함께하는 배낭여행 등 그밖에 모든 것이 멀게만 느껴질지 모른다. 나도 그랬으니까 말이다. 하지만 목표를 세우고 그 목표를 향해 달려가다 보면, 방금 나열했던 것들이 어느새 하나둘씩 이루어질 것이다.